사이다 육아상담소

답답한 가슴 뻥 뚫리는

사이다 육아 상담소

정은경 지음

프롤로그

"애한테 화내지 않으려고 하는데, 나도 모르게 자꾸 소리를 지르게 돼요."

"1학년인데 아침마다 엄마인 제가 옷을 입혀주고 있네요."

"아이가 영어를 잘했으면 좋겠는데, 어디서부터 어떻게 시작해야 할지 모르겠어요."

강의가 끝나고 엄마들에게 가장 많이 듣는 이야기다.《좋은 선택을 이끄는 엄마, 코칭맘》출간 후 책과 함께 저자인 나도 많은 관심과 사랑을 받고 있다. 출간 후부터 하나둘 시작하게 된 강의가 점차 초등학교, 도서관, 교육지원청, 대형마트 문화센터, 백화점 문화센터로 이어지면서 지금은 거의 매일 강의를 하고 있다. 강의를 들으러 오신 분들은 대부분 영·유아~초등생을 키우고 있는 엄마들이다.

"선생님 아들은 어떻게 특목고에 갔어요?"

"어떻게 영어를 잘하게 되었나요?"

"어렸을 때는 무엇을 중점적으로 도와줘야 하나요?"

영·유아 시기를 어떻게 보내는 것이 아이들에게 가장 도움이 되는지 나 자신도 늘 고민했고 시행착오도 많았다. 10년이 넘도록 영어를 가르치면서 많은 아이들과 엄마들을 만났다. 아들이 특목고에 입학하면서 아들의 친구들과 엄마들을 만났고, 혹시 이들만의 특별한 가정문화가 있는 것은 아닌지 궁금했다.

이런 내용들을 강의 중에 엄마들과 아낌없이 나눈다. 강의를 마친 후에는 참여한 엄마들로부터 구체적이고 현실적인 질문을 받는다. 대화를 나눌수록 엄마들이 육아를 참 힘겹게 느끼고 있다는 사실을 깨달을 수 있었고, 아이를 먼저 키운 선배 입장에서 조금이라도 힘이 되어주고 싶었다. 그 질문과 고민은 단지 일부 엄마들에 국한된 것이 아니라, 대한민국 대부분 엄마들의 고민이라는 생각이 들었다. '이런 고민을 함께 나눈다면 힘든 육아에서 벗어나 행복한 육아가 될 수 있지 않을까?'라는 작은 바램으로 두 번째 책을 출간하게 되었다.

서점에서 육아에 관한 책들이 매일 나오고 있다. 그러나 정작 가려운 곳을 시원하게 긁어줄 책은 많지 않다. 대부분 이론서에 가깝고, 저자 경험 위주의 주관적인 이야기들이다. 내가 만난 엄마들은 보다 현실적이고 구체적인 고민에 대한 해답을 원했다.

우리 부모님 세대는 먹고살기 힘들다는 말은 했어도 아이 키우기 힘들다는 말을 하지는 않았다. 자식을 네댓 명씩 키우면서도 말이다. 그런데 요즘은 훨씬 좋은 환경에서 아이를 한두 명 키우면서 힘들어하는 엄마들이 많다. 그 이유는 무엇일까?

첫째, 아이의 미래를 정해 놓고 키운다.

많은 엄마들이 "아이가 내 맘대로 안 돼요"라고 말씀하신다. 엄마 마음대로 하려니 힘이 드는 것이다. 나무를 심은 후 묘목일 때는 물과 거름을 주지만, 그 후에는 나무를 '키우는 것'이 아니라 나무가 '저절로 자라는 것'이다. 육아도 나무를 키우는 것과 비슷하다. 나무가 스스로 자라듯, 아이도 36개월까지는 넘치는 사랑으로 키우다가 조금씩 자아가 생기면서부터는 그 자아를 인정해주고 존중해주면 된다. 마치 심어 놓은 작은 나무가 비를 맞고 햇빛을 받으며 자라듯이.

잘 키우고 싶은 마음이 클수록 육아는 힘들게 느껴진다. 엄마가 힘을 빼는 순간부터 육아를 즐길 수 있다. 육아란 엄마가 바라는 성인으로 아이를 키우기 위해 앞에서 끌어주는 것이 아니라, 아이 스스로가 원하는 모습으로 자라도록 옆에서, 뒤에서 도와주는 것이다.

둘째, 옆집 이야기에 너무 관심이 많다.

중심 없이 옆집 엄마, 아이 친구 엄마들의 이야기를 들으면 왠지 불안해져 자꾸만 내 아이를 다그치게 된다. 육아를 힘들게 하는 사람은 아이가 아니라 엄마 자신인 경우가 더 많다. 엄마들은 자신이 뭔가를 더 해주어야 한다고 생각한다. 내 아이가 잘하는 것, 좋아하는 것을 관찰하고 집중해야 하는데, 자꾸만 아이 친구들이 무엇을 하고 있는지에 관심을 갖는다.

내 아이와 똑같은 아이는 이 세상에 없으며, 아이마다 고유의 장점을 가지고 있다. 미래는 1등으로 키우는 것이 아니라, 자신의 색깔을 드러낼 수 있도록 격려하고 도와줘서 유일한 존재로 키워야 하는 시대다. 이렇게 키웠을 때 엄마도 행복하고 아이도 행복할 수 있다.

셋째, 체력적으로나 정신적으로 약한 엄마들이 많다.

엄마는 에너지가 넘쳐야 한다. 엄마는 100% 충전된 건전지처럼 생기가 넘치고, 의욕이 넘쳐야 한다. 에너지가 부족할수록 육아는 더 힘들게 느껴질 수밖에 없다. 엄마의 몸이 건강하고, 독서와 자기계발을 통해 정신적으로도 풍요로우면 아이에게도 이 좋은 기운이 온전히 전달된다.

이 책에는 현재 육아를 하는 엄마들의 고민과 질문들이 고스란히 담겨 있다. 아이의 감정을 읽어주려고 하는데 내 감정을 조절하기 힘든 경우, 아이가 지나치게 한 가지에 관심을 보이는 경우, 학습적인 부분은 어디까지 도와주어야 하는지, 영어 울렁증이 있는 엄마가 어떻게 영어 노출 환경을 만들어 주어야 하는지 등 대단히 구체적이고 현실적인 질문과 그에 대한 답변들을 풀어나간다.

힘들지만 너무나 소중한 일을 하고 있는 대한민국의 엄마들에게 조금이나마 힘이 되고 싶은 마음에 이 책을 썼다. 단 한 분이라도 궁금한 것이 해결되고, 힘겨운 육아에서 벗어나 기쁨을 찾고 행복을 느낀다면 참으로 감사할 일이다.

우리 아이들은 미래를 이끌어갈 리더입니다.
우리 아이들이 희망입니다.
희망을 심는 대한민국의 엄마들을 온 마음으로 응원합니다.

-정은경

 **목차**

1교시

궁금해요!
우리 아이

01

아이의 타고난
적성을 찾아주는 법

"우리 아이가 좀 더 잘하는 것을 찾고 싶은데, 무엇을 잘하는지 모르겠어요."

많은 엄마들이 이런 고민을 한다. 사실 '우리 아이가 잘하는 것을 찾는 과정'이 육아의 전부라고 해도 과언이 아니다. 육아는 아이와 부모가 한 팀이 되어 아이가 좋아하고 잘하는 것을 찾아가는 여정이다. 다른 아이와 비교해서 내 아이의 장점을 찾는 것이 아니라, 내 아이가 가지고 있는 것 중에서 가장 잘하는 것이 무엇인지 찾는 것이 부모의 큰 역할이다. 모든 것을 다 잘하는 아이도 없고, 모든 것을 못하는 아이도 없다. 마치 어떤 엄마는 요리를 잘하고, 어떤 엄마는 살림을 잘하고, 또 어떤 엄마는 경제력이 있고, 또 어떤 엄마는 손재주가 뛰어난 것처럼 말이다.

기업에서 상품을 만들 때 그것을 사용할 고객을 면밀히 조사한다. 그 상품을 사용할 고객의 욕구를 제대로 파악한 기업이 고객이 가장 원하는 상품을 만드는 것은 당연하다. 엄마들은 아이를 내 마음대로 할 수 있는 상대가 아니라 바로 고객이라고 생각해야 한다. 그 고객이 무엇을 좋아하고, 무엇을 잘하고, 무엇을 편하게 생각하는지를 알아야 아이의 장점과 관심사를 찾을 수 있다. 엄마 친구 아들, 딸이 중요한 것이 아니라 내 아이를 잘 관찰하고 이해하는 것이 가장 중요한 것임을 잊지 말자.

잔소리는 최대한 아끼고, 아이의 마음을 읽어주자. 아이가 부모에게 이해받고 사랑받는다 느끼면 공부 또는 자신이 잘하고 좋아하는 것에 몰입할 수 있다. 엄마가 친구 딸의 좋은 점만 이야기하면, 아이도 친구 엄마의 좋은 점만 이야기하고 싶을 것이다. 엄마가 친구 아들의 잘하는 점만 이야기하면, 아이도 친구 엄마의 장점을 마음속으로 이야기할 것이다.

우리나라에서 성적은 아이와 엄마에게 매우 민감한 부분이다. 그나마 요즘 학교 성적표는 우리가 학교 다니던 때보다는 훨씬 유해졌다. 과거에는 적나라하게 '수, 우, 미, 양, 가'로 표시하였으나, 점차 '매우 잘함, 잘함, 보통, 노력 요함' 등으로 표현이 부드러워졌는데 최근에는 이것마저도 3단계로 줄어들어서 '잘함, 보통, 노력 요함'으로 더욱 단순화되었다. 최근 중학교 성적표도 'A, B, C, D, E' 5단계로 나뉘고, 공식적으로 반 등수, 전체 등수를 성적표에 적는

칸이 없어졌다. 고등학교 또한 마찬가지이다. 예전만큼 등수 위주로 성적표가 나오지 않는다.

하지만 여전히 엄마들과 아이들의 마음속에는 점수와 등수에 대한 비교 문화가 자리 잡고 있다. 그렇다고 무조건 내 아이의 성적을 적당히 아는 것이 좋은 것만은 아니다. 어차피 우리나라에서 대학을 가려면 수능점수와 등급화된 내신성적이 필요하다. 이 등급에 따라 대학의 당락이 결정되니 대강의 순위만 알고 있다가, 대학에 갈 때 즈음에 성적의 실체를 아는 것 또한 우리가 원하는 것은 아니다.

초등학교도 공식적인 중간고사와 기말고사는 없어졌다고 하지만, 단원평가만 봐도 엄마들과 아이들은 매우 긴장한다. 요즘 아이들은 시험을 보고 나면 서로 총점을 구하고 평균을 구하여 스스로 등수를 알아보기도 한다. 이렇게 점수에 예민해져 생활하다 보니 경쟁의식에서 벗어날 수가 없다. 그럼에도 불구하고 우리는 좀 더 멀리 더 넓게 보려고 노력해야 한다.

예를 들어 아이가 음악과 수학은 잘하는데, 미술과 과학은 어려워한다. 못하는 것을 계속 시킨다고 해서 크게 달라지지 않는다. 어른도 마찬가지다. 요리에 흥미가 없거나 요리를 못하는 엄마가 요리 강좌를 다니면 어느 정도는 나아지지만, 감각적으로 요리를 좋아하고 잘하는 사람과는 비교할 수가 없다.

남편도 마찬가지다. 회사일은 잘하지만 집안일은 나 몰라라 하고 다정다감하지 못한 남편에게 '가사를 돕고 더 가정적인 남편과 아빠가 되어 달라'고 요청을 해도 한계가 있다. 반대로 가정적인 남편에게 바깥에서 좀 시간을 많이 보내라고 해도 그것 또한 매우 힘든 일이다.

이렇듯 우리 아이도 다른 아이보다 수월하게 잘하는 부분이 있고, 아무리 노력해도 잘 안돼는 부분들이 있다. 이것을 부모가 얼마나 빨리 잘 파악하느냐에 따라 아이가 더 잘될 수도 있고, 고생은 고생대로 하면서 결과가 만족스럽지 못할 수도 있다. 우리 아이가 어떤 일을 즐겁게 잘하는지 많이 관찰하고 깊이 생각해볼 필요가 있다.

✒️ 피자집에서도 아이의 관심사를 알아볼 수 있다

피자집에서 외식을 한다면 아이들에게 이렇게 물어보자.

"만약 네가 이 가게에서 일을 한다면 너는 어떤 일을 제일 하고 싶니?"

1. 주문을 받고 음식을 가져다주는 사람

2. 주방에서 피자를 만들고, 샐러드 바를 준비해주는 사람

3. 피자집을 인테리어 하는 사람

4. 처음에 손님을 맞아 자리를 안내하고, 계산대에서 계산하는 사람

5. 새로운 메뉴를 개발하는 사람

6. 피자집 광고를 만드는 사람

7. 피자집을 광고하는 모델

이 밖에 보이지는 않지만 유통 관련 일도 있을 것이고, 전체를 책임지는 매니저도 있을 것이다. 이렇게 다양한 역할 중 어느 것에 관심이 있는지 물어보는 것도 아이가 평소 무엇에 더 관심이 있는 지 알아차릴 수 있는 팁이 될 수 있다. 당장 그 자리에서는 명확한 답을 안 할지라도 그러한 상황이 되면 아이가 스스로 생각해 볼 수 있다.

'나는 어느 부분에 더 관심이 갈까?'

만약 아이가 친구들 모임이나 생일 파티에 다녀왔다면 어떤 부분이 좋았는지, 어떤 부분이 아쉬웠는지 물어볼 수 있다. 대답을 들은 후에 이렇게 질문해보자.

"만약 생일파티를 한다면 너는 어떻게 하고 싶니?"

살면서 생각은 끊임없이 변한다. 하지만 이렇게 엄마가 계속해서 질문을 하면 아이가 어려서부터 어디에 더 관심을 갖는지 관찰할 수 있다. 엄마의 질문에 아이가 모르겠다고 답을 해도 상관없다. 그 당시에는 "잘 모르겠어" 또는 "잘 기억이 안 나"라고 말할 수 있지만, 질문을 계속 하면 아이도 점차 스스로 생각하는 힘이 생긴다. 내가 무엇에 더 관심이 있고 무엇을 더 좋아하는지, 또는 다른 사람은 좋다고 하지만 나에게는 별 관심이 없는 것들을 찾는데 한 걸음 앞으로 나아갈 수 있다. 우리 아이를 꾸준히 여유롭게 바라보면서 어떤 재능이 있는지 찾아보자.

✍️ 아이를 관찰하고, 또 관찰하자

생일파티를 하면 아이들은 아이들끼리 놀고, 엄마들은 옆에서 차를 마시며 이야기꽃을 피운다. 아이가 여럿이 모여서 놀 때 성향이 어떤지 살펴보자. 놀이를 리드하는지, 협력자의 역할을 잘하는지, 말을 주도적으로 재미있게 이끌어 가는지, 아니면 주로 듣는 형인지 관찰할 수 있는 좋은 기회이다. 아이가 가지고 있는 강점을 유심히 찾아보자.

상황이 가능하다면 친척들이 모였을 때 돌아가면서 아이의 장점을 한 가지씩 이야기해 주는 것도 좋다. 그러면 어른들에게 인정받았다 느껴 자신감도 생기고, 칭찬받은 장점을 더 잘하기 위해 노력한다. 어른들도 가까운 주변 사람들이 모여 서로의 장점을 돌아가면서 이야기해주는 기회를 갖는 일은 쑥스럽지만 객관화된 칭찬을 들을 수 있어서 좋다. 어른들도 기분이 좋은데 하물며 우리 아이들은 얼마나 신이 날까?

만약 아이 친구들이 모인 자리라면 아이들끼리 돌아가면서 친구 한 명 한 명의 장점을 이야기해 보는 것도 좋다. 어느 정도 서로 오래 알고 지냈거나 같은 학교, 같은 반에서 지냈던 아이들에게 물어보면 더 효과가 있다. 때로는 내가 생각하는 '나'와 다른 사람이 생각하는 '나'가 같은 면도 있을 것이고, 다른 면도 발견하면서 자신에 대한 긍지를 가질 수 있다.

김연아가 연습할 때 다른 연습생 엄마들은 함께 차를 마시거나 볼일을 보러 갔는데, 김연아 엄마는 딸이 연습하는 것을 한시도 놓치지 않고 계속 관찰하였다고 한다. 그래서 언제 더 넘어지고, 덜 넘어지는지 지켜보다가 연습이 끝나고 나면 "연아야, 점프해서 착지할 때 허리를 더 펴면 덜 넘어지는 것 같더라" 이런 이야기를 해주었다고 한다. 그러면 다음 연습 때 김연아는 이런 부분을 참조하여 더 좋은 결과를 얻을 수 있었다고 한다. 물론 전문 코치 선생님이 계셔서 단계적으로 배우지만, 아이가 잘하는 것을 엄마가 옆에서 먼저 발견할 수도 있다.

김연아의 연습량은 상상을 초월했다. 점프를 연습하는 과정에서 김연아는 초등학교 2학년 때 2회전 점프를 완성한 후, 4학년이 되어서야 2회전 반을 완성했다. 피겨스케이팅을 모르는 나에게는 상상할 수 없는 이야기다. 반 바퀴 회전을 늘리는데 꼬박 2년이 걸린다는 것이 도대체 믿겨지지가 않는다. 아마도 이 동작 하나를 완성시키는데 만 번도 더 연습을 했을 것이다. 김연아는 '완벽한 점프 실력과 표정연기'로 세계적인 피겨여왕이 될 수 있었다. 기술력과 우아한 연기력을 강점으로 다른 선수와 차별화된 세계적인 선수가 될 수 있었다.

　긍정적인 시선으로 아이가 친구들과 어울려 놀 때와, 혼자 시간을 보낼 때를 관찰해 보자. 열린 질문으로 아이의 생각주머니를 키워줄 때 아이의 관심사를 찾을 수 있다. 관심이 있으면 더 자주 접하게 되고, 더 많이 하게 되면서 아이가 잘하는 것을 발견할 수 있게 된다. 모든 아이들은 잘하는 것을 하나씩은 잠재적으로 가지고 있다. 단지 아직 찾지 못했을 뿐이다.

02

대답은 잘하는데,
실행력이 약해요

"뭐든지 하겠다고 대답은 잘 하는데 실제로 하지는 않아요."

해야겠다는 생각은 하는데 더 놀고 싶고, 더 게임하고 싶고, TV도 더 보고 싶어서 실제로 실행력이 부족한 경우가 있다. 사실 어른들도 그럴 때가 많다. 어떻게 하면 실행력이 높아질 수 있을까?

🖋 스스로 답을 찾게 하라

누구나 스스로 생각하고 깨달을 때 가장 잘 움직이게 되고 행동으로 옮기게 된다. 아무리 옆에서 권유해도 스스로 내키지 않으면 실천하지 않는다. 아이는 더욱 그렇다. 아이의 행동을 바꾸고 싶고, 뭔가를 깨닫고 실천하기를 원한다면 스스로 생각하고 대안을 찾아내게 하는 것이 매우 중요하다. 4~5살 아이에게도 의견을 물어보자.

"그래서 넌 무엇을 하고 싶은데?"

"그래서 어떻게 했으면 좋겠어?"

아이들이 초등학교 고학년 또는 중·고생이 되면 함께 외식하는 것, 가족 여행 가는 것도 싫다고 한다. 마지못해 같이 외식을 하든 여행을 가게 되면 그 시간이 즐거울 수가 없다. 부모는 좋은 의도로 시간과 돈을 들였지만, 아이는 뭐든 부모님 마음대로 한다고 불만을 토로한다. 이럴 때도 질문을 해보자.

"그동안 여행 간 곳 중 가장 기억에 남는 곳은 어디야?"

"지난 번 여행에서 뭐가 제일 좋았어?

"이번 여행에서 네가 하고 싶은 것은 뭐야?"

"여행지를 네가 정한다면 어디로 가고 싶어?"

아이들이 자신의 의견이 반영되었다고 생각하면 더 적극적으로 참여한다. 매번 엄마, 아빠가 제안하는 것을 따라 하다 보니 시간이 갈수록 흥미가 없어진다. 어떻게 참여시킬까를 고민해보자. 아이가 참여할 때 대답에 그치지 않고 행동으로 이어질 수 있다.

한 엄마가 상담을 요청했다.

"아이가 초등학교 회장단에 지원을 했으면 좋겠는데, 안 하겠다고 하네요. 어떻게 하면 좋을까요?"

나는 아이에게 여러 가지 질문을 던져보라고 했다.

"회장단 일을 하게 되면 무엇이 좋을까?"

"회장단이 하는 일이 무엇이라 생각해?"

"회장단을 하면 누구를 도와줄 수 있을까?"

"네가 너희 반 친구들을 위해서 혹시 해주고 싶은 일이 있어?"

일단 긍정적인 질문을 아이 앞에 던져 놓는다. "몰라", "귀찮아" 아니면 대답을 아예 안 할 수도 있다. 그래도 나중에 혼자서 생각하게 된다. 어렸을 때부터 이런 대화에 익숙해지면, 나중에 아이가 크면서 어느 정도 대화가 이루어진다. 이렇게 성장하면 점차 스스로에게도 어떤 일을 시작하기 전에 질문하게 되고, 생각하게 되어 당당하게 행동할 수 있게 된다.

단, 엄마가 답을 정해놓고 질문하면 오히려 관계는 더 어색해진다. 순수하게 아이가 생각하고 판단할 수 있도록 엄마는 질문만 하고 아이가 대안을 생각하면 행동으로 이어질 가능성이 훨씬 높다.

목표를 구체화시켜라

단계별로 있는 문제집을 사온 경우, 시작하기 전에 아이와 함께 구체적으로 계획을 세우자. 한 달 동안에 풀 것인지, 두 달 동안에 풀 것인지 정하면 하루에 몇 장을 해야 하는지 알 수 있다. 절대로 무리하게 계획을 잡지 않아야 실천할 가능성이 높아진다.

그리고 공부하는 시간을 정해야 한다. 막연히 '시간 날 때 하면 되지 뭐'라고 해버리면, 하루 24시간 중 놀 시간은 많아도 문제집 풀 시간은 도무지 나지 않는다.

반드시 아이와 함께할 일은 '과도하지 않은 양과 지킬 수 있는 시간'을 정해서 엄마가 그 시간이 되기 20분 전에 알려주어야 한다. 20분 후면 무엇을 하기로 한 시간이라고 아이이게 미리 마음의 준비를 할 수 있도록 알려준다. 10분 전에 한 번 더 이야기해준다. 아이가 초등학생이 되면 알람을 맞추어서 스스로 할 수 있도록 돕는 것이 더 좋다. 초등 저학년부터 조금씩 훈련하면 점차 스스로 하는 힘이 생긴다.

> **효율적인 공부시키기 Tip**
>
> 1. 문제집을 사와 하루 풀 수 있는 양을 정한다.
> 2. 문제집을 푸는 시간을 정한다.
> 3. 문제집을 풀기로 한 시간 전에 엄마가 다시 한 번 인지시켜 준다.

장난감을 정리할 때도 막연히 정리하라고 하는 것보다 아이가 시간 개념을 알고 있다면 "장난감 정리하는데 몇 분 정도 걸릴까?", "놀던 것을 마치고 몇 분까지 장난감을 정리할 수 있을까?"라고 질문하여 아이가 구체적으로 생각할 수 있도록 하는 것이 좋다.

밥을 먹을 때도 너무 오래 먹을 때는 함께 적당한 식사시간을 정해놓고 그 시간에 앉아서 함께 식사를 하고 식탁에서 일어나는 습관을 길러주는 것이 좋다. 막연히 '빨리 해라, 끝내라, 정리해라' 보다는 무엇을 언제까지 해야 하는가에 대해서 명확해지면 아이가 더 쉽게 행동으로 움직이게 된다.

✍️ 끊임없이 생각하게 만들어라

좋은 대학을 진학했든 의대를 들어갔든 하버드를 입학했든 적성에 안 맞아 고민하는 경우를 심심치 않게 본다. 물론 진로를 중간에 바꿀 수도 있지만, 그런 경우 자식과 부모가 심한 갈등을 겪기도 한다. 모두가 고등학교 때 진로를 확실히 정할 수는 없겠지만, 어려서부터 스스로 질문하고 생각하는 힘을 키우면 진로를 정할 때에 시행착오는 줄일 수 있다.

생각하는 것도 습관이고 훈련이다. 지시받고 주어진 일만 하다가, 성인이 되었다고 해서 어느 날 갑자기 사고 능력이 탁월해지는 것이 아니다. 어려서부터 다양한 생각을 할 수 있는 아이가 성장해서도 생각하는 힘이 있고, 스스로 생각하는 아이가 실행력도 있다.

내가 아는 성악을 전공하는 분이 이런 이야기를 했다. 선생님께 지도를 받을 때 "소리를 던져라", "소리를 부풀려라", "소리를 놓아주어라", "소리를 멀리 보내라"고 하셔서 혼자 그 말이 의미하는 것이 무엇일까를 계속 생각했다고 한다. 그 말대로 하려면 내가 어떻게 해야 할까를 끊임없이 생각해보고 시도해 보면서 '이거구나!' 하면서 무릎을 치는 순간이 왔다고 한다. 그러면서 노래도 몸으로 하는 것이 아니라, 결국 머리로 생각하는 일이라고 말씀하셨다.

우리 아이들이 영혼 없는 대답만 하고 실천하지 않은 것은 마음이 움직이지 않았다는 증거다. 마음이 움직일 수 있도록 다양한 생각을 할 수 있도록 도와주자.

✒ 칭찬이 더 많은 행동을 하게 만든다

아빠가 퇴근했을 때 아이에 대한 칭찬을 오버해서 해주자.

"○○가 오늘 해야 할 일도 잘하고, 장난감 정리도 잘하고, 동생도 잘 돌봐주고, 할머니께 전화도 드렸어요."

마땅히 해야 할 일을 했더라도 아이가 듣는 곳에서 하나하나 구체적으로 칭찬해주면 신나서 내일 또 하고 싶어 한다.

할머니나 할아버지를 만났을 때도 아이 칭찬을 한다. 직접 칭찬을 듣는 것보다 제3자에게 칭찬하는 것을 들으면 아이는 더 신이 난다. 할머니, 할아버지께 전화를 드릴 때도 아이 이야기를 하면서 그날 한 일들을 하나하나 잘했다고 칭찬한다. 아이는 그 말을 듣고 다음 날도 더 잘하려고 노력할 것이다.

친정 엄마는 나와 통화할 때 올케 언니가 택배로 작은 선물을 보내주면 나에게 마구 자랑을 하신다. 그러면서 올케 칭찬을 한보

따리 하신다. 그러면 나는 올케 언니와 통화하면서 언니에게 고맙다고 전한다. 거꾸로 내가 엄마를 기쁘게 해드리면 엄마는 통화하면서 올케나 우리 언니에게 또 자랑과 칭찬을 하신다. 그러면 올케나 언니가 나에게 전화를 해서 잘했다고 칭찬을 해준다. 이런 이야기를 들으면 나는 엄마를 더 기쁘게 해드리고 싶어진다. 이런 것이 사람의 마음이다. 우리 아이들도 제3자에게 칭찬하는 것을 들으면 신이 나서 대답만 하던 것을 행동으로 더 잘하게 될 것이다.

반면에 단점이나 흉을 볼 일이 있을 때는 꼭 아이 앞에서만 해야 한다. 아이가 듣고 있는데 남편이나 할머니, 할아버지에게 잘못한 것을 이야기하면 몇 배로 속상해한다. 잘못을 꾸짖을 때는 반드시 아이 앞에서 하고, 칭찬을 할 때는 널리 퍼트려주자. 대답만 하던 아이가 실천으로 옮기게 될 것이다.

03

원인 모를
변비에 시달려요

　　배변 활동이 자유롭지 못한 5살 아이가 있었다. 병원을 다니면서 검사를 해보았지만 뚜렷한 증상을 발견하지 못했다. 처음에는 동네 병원에 갔는데 원인을 찾지 못해서 큰 병원으로 옮겼다. 큰 병원에서도 여러 검사를 해보았지만 특별한 문제는 없었다.

　　그런데 엄마의 이야기를 들어보니 결혼하자마자 시댁과 합가를 하여 적지 않은 스트레스를 받고 있었다. 시부모님과의 갈등과 남편과의 대화 단절로 고통받고 있었다. 엄마가 늘 불안하고 힘드니, 고스란히 아이에게 전달되어 심리적 불안으로 배변활동이 편하지 않게 된 것이다. 분가를 한 뒤부터는 엄마도 마음이 편해졌고, 남편과의 관계도 예전보다 좋아졌다. 그러니 아이의 상태도 예전보다 훨씬 좋아졌다.

아이가 어릴수록 엄마의 감정에 좌우된다. 엄마가 우울하면 그 감정이 아이에게 그대로 전달되고, 엄마가 행복하고 즐거우면 그 감정이 고스란히 아이에게 전달된다.

어떤 엄마는 어릴 때 친정 엄마가 오빠와 자신을 편애하셔서 늘 마음이 불편했다고 한다. 결혼 후 아들을 낳았는데, 자신도 모르게 아들을 엄하게 대하고 자주 화를 내게 되었다. '왜 그랬을까?' 후회하다가도 또 다음 날 아들에게 화내고 있는 자신을 발견했다. 그 아이는 힘으로 억압당하는 것에 대한 분노가 쌓이면서 친구들에게 폭력적인 행동을 하게 되었다.

엄마의 심리 상태가 아이들에게 그대로 전달되므로, 엄마가 먼저 자신을 돌아보고 내면에 있는 분노나 억울함을 치유할 수 있어야 한다. 그래야 바른 부모가 될 수 있고, 아이도 바르게 성장할 수 있다. 엄마가 마음을 다스리는 일을 아무리 강조해도 지나치지 않다.

이런 경우도 있다. 어렸을 때 너무 엄격한 부모님 밑에서 자란 한 엄마는 아이가 잘못을 해도 큰소리를 내거나 훈계하는 일이 불편했다. 언제나 따뜻하고 부드러운 엄마가 되고 싶었기 때문이다. 아이가 집에서 편식을 심하게 했기 때문에 당연히 아이가 유치원에서도 그럴 것이라고 생각했다. 그런데 알고 보니 유치원에서는 아무거나 맛있게 잘 먹는데, 엄마 앞에서만 유난히 음식 타령을 해 온 것이었다. 아이는 엄마의 연약한 심리 상태를 느끼고 집에서는 뭐든 마음대로 해도 된다고 생각했던 것 같다. 36개월 이후에는 엄마가 잘못된 것은 안 된다고 똑바로 말할 수 있어야 한다. 잘못된 것은 바로 잡을 수 있도록 하는 훈육은 아이를 바른 성인으로 기르는데 매우 중요한 부분임을 잊지 말자.

✒️ 아이는 부모의 거울이다

우리에게 문제가 있다는 것을 인식하지 못하고, 아이가 유별나게 행동하면 그 원인을 아이에게서 찾으려고 한다. 그러나 엄마가 자신의 상태를 인식하는 것이 제일 먼저다. 만약 아이가 일반적이지 않은 행동을 한다면 그 원인은 부모에게 있을 가능성이 매우 높다.

아빠가 유난히 권위주의적인 경우

남자아이의 경우 아빠의 영향을 많이 받는다. 아빠의 말에 무조건 순종하길 바라는 가정에서 자란 남자아이는 자기보다 힘이 약한 친구들이나 여동생에게 아빠가 자신에게 했던 말투나 행동을 그대로 따라하는 경우가 있다. 동생을 거칠게 다루고, 심부름을 시키고, 자신의 의견에 따르기를 강요한다. 만약 아빠가 엄마에게도 권위적인 가정이라면 아이가 성장하여 엄마보다 힘이 세다고 인식이 되는 순간, 엄마에게도 힘으로 강하게 저항하려고 한다. 아이는 부모의 거울이다.

아이가 유치원/학교에서 유별나다고 하면 제일 먼저 부모의 말투와 행동을 살펴보아야 한다. 아빠가 권위주의적인 집을 보면 엄마도 자신감이 없고, 목소리에 힘이 없는 경우가 많다. 엄마의 당당하지 못한 모습은 아이에게 고스란히 전달되고 무의식중에 아이도 엄마를 무시하는 마음이 자리 잡게 된다. 우리 아이들의 행복한 미래를 원한다면 반드시 엄마, 아빠의 건강한 관계가 우선되어야 한다.

부모가 아이들을 편애하는 경우

부모가 나보다 다른 형제를 더 많이 사랑한다고 느끼면 아이는 본능적으로 관심받기 위해 나쁜 행동을 하면서 시선을 끌려고 한다. 아이의 이러한 행동이 계속되면 부모는 부정적인 행동을 했을 때 오히려 작게 반응하고, 긍정적인 행동을 했을 때 크게 관심을 보여야 한다. 그러면 점차 아이의 행동이 변화될 수 있다.

보통 첫째가 부모님의 사랑을 독차지하다가 둘째가 태어나면 거친 행동을 많이 한다. 없던 동생이 태어나서 자신의 사랑을 빼앗긴 것처럼 느끼기 때문이다. 이럴 때일수록 첫째에게 사랑한다는 표현을 더 많이 하고, 둘째 앞에서 첫째에 대해 칭찬을 더 많이 해주어야 한다. 둘째가 너무 어려서 못 알아들어도 상관없다. 어차피 첫째 들으라고 하는 것이다. 어느 정도 시간이 지나면 첫째는 둘째를 자신의 사랑을 빼앗아 간 것이 아니라 돌봐야 하는 존재로 인식하게 될 것이다.

부부 사이가 안 좋은 경우

부모와 대화가 잘되는 집의 아이들은 심리적으로 안정감을 느끼고 마음이 평안하다. 하지만 서로 대화가 없거나 잘 다투는 집은 아이들도 부정적인 영향을 많이 받는다. 어린아이들은 말로는 뚜렷하게 의사표시를 못하지만 불안은 느낄 수가 있다. 그래서 부부가 큰소리로 싸우면 그 소리만 듣고도 울음을 터트린다. 아이 앞에서 부부싸움을 하는 것은 절대 금물이다. 아이 앞에서 부부가 서로를 비하하는 말도 절대 하면 안 된다.

부부가 서로 대화가 안돼는 집은 아이들과도 대화가 잘 안 된다. 이런 집은 거실에서 TV를 보고 있다가도 아빠가 퇴근하고 집에 오면 모두 각자 방으로 들어가 나오지 않는다. 아빠는 아빠대로 가족을 위해 하루 종일 바깥에서 스트레스 받으며 돈을 벌어오는데, 가정에 돌아오면 또 혼자가 된다.

가정의 분위기는 하루아침에 만들어지는 것이 아니다. 아이가 어려서부터 꾸준히 노력하고 실천해야 한다. 가족이 함께 밥을 먹고, 놀이하고 몸을 부딪치며 아이들이 성장해야 한다. 아이가 어렸을 때 아빠가 몸으로 많이 놀아주면 커서도 대화는 계속 이어진다.

결혼을 했다고 저절로 원하는 가정이 만들어지고, 아이가 바르게 자라는 것이 아니다. 부모의 심리 상태가 고스란히 아이들에게 전달되고, 부모의 상대를 존중하는 마음과 배려심 또한 대물림된다. 아이가 올바른 성인으로 자라기 위해서는 부모가 올바른 롤모델이 되어 주어야 함을 잊어서는 안 된다.

완벽한 가정은 없겠지만 노력하는 가정에서 아이는 노력하는 성인으로 자랄 것이라 믿는다. 아이가 어떤 행동을 할 때 원인을 모를 때가 많다. 하지만 부부의 대화, 부부의 관계, 아이들과의 놀이시간, 아이들과의 대화를 비추어보면 원인을 파악할 수 있다. 감정은 눈에 보이지 않는다. 그런데 그 감정으로 인해 다양한 행동들이 나온다. 아이가 건강하고 행복해 보이면 안심해도 좋다. 왜냐하면 엄마의 감정이 편안하다는 것을 알려주는 것이니까.

04

선택과 결정을
어려워해요

"우리 아이는 초등학교 1학년인데 아이에게 "네가 정해봐"라고 하면 "엄마 맘대로"라고 합니다. 평상시에는 매우 활발하게 적극적으로 노는데, 무엇인가를 결정하라고 하면 자신 있게 대답을 못합니다."

아주 작은 것부터 선택할 기회를 준다

아이에게 선택의 기회를 더 많이 주자. 예를 들어 빵집에 가서도 아이가 좋아하는 빵을 하나 선택해 보라고 한다. 마트에 가서도 같은 종류의 물건을 살 때 아이에게 "네가 보기에는 어떤 것이 더 좋아 보여?"라고 물어본다. 식당을 정할 때도 아이의 의견을 들어보자. 식당에 가서 밥을 먹을 때 가족이 함께 먹는 메뉴도 있지만, 각자 먹는 경우에는 유치원생일지라도 아이에게 자신의 메뉴를 정하게 하는 것이 좋다.

아이가 여러 가지 중 하나를 선택한 뒤에 좋았던 점과 나빴던 점을 물어보고 느낌을 살펴본다. 다음번에 같은 상황이 되었을 때 좋았으면 같은 선택을 할 것이고, 안 좋았으면 다른 선택을 할 것이다.

매 순간 선택을 하려면 생각을 해야 한다. 결정하고 나면 그것에 대한 책임을 지게 된다. 일상생활 속 작은 것부터 학교에서도, 친구들 사이에서도 점차 결정할 일이 많아지고, 선택이 중요해진다. "엄마가 선택해줘"라고 말할지라도 다시 한 번 아이에게 선택의 기회를 주는 것이 좋다. 만약 아이가 많이 머뭇거리면 2~3개로 선택의 폭을 줄이고 다시 물어보는 것도 하나의 방법이다.

놀이를 할 때도 아이에게 선택하도록 하자. 집에 장난감을 가지고 놀 때도, 새로운 장난감을 살 때도 아이이게 선택권을 주는 것이 좋다. 왜 이것을 사고 싶은지, 이것을 사면 무엇이 좋을 것 같은지, 어떻게 놀고 싶은지, 다른 것을 샀을 때와 어떤 차이가 나는지 아이의 언어로 물어보자.

"무조건 이것이 좋아"라고 한다면 엄마가 옆에서 보고 아이가 좋아하는 이유를 살펴보고, 한두 가지 이야기하면서 물어보는 것도 방법이다. 그러면 아이가 처음에는 자신의 생각을 표현하는 것을 잘 못해도 나중에는 점차 자신의 의견을 표현하는 방법을 배우게 된다. 만약 아이가 무엇이 좋은지 명확히 이야기하지 못하고, 지난 번 장난감과 다른 점을 못 찾는다면 아이에게 "그럼 이것을 왜 사야 하니?"라고 반문할 수도 있다.

장을 볼 때도 생각하는 힘을 길러줄 수 있다. 요즘은 마트에 가면 계란의 종류만 해도 여러 가지다.

"무정란, 유정란, 초란, 쌍란, 영양란, 알짜란 등 다른 점은 무엇이고, 왜 이런 다양한 상품들이 나오게 되었을까?"

"사람들은 어떤 제품을 선호하고, 또 어떤 제품이 더 나오면 좋을까?"

그저 재미로 질문하고 답해보는 것이다. 여기에 정답이 있을 수 있지만 없을 수도 있다. 다만 호기심을 유발시키고, 열린 사고방식으로 끊임없이 새로운 것을 생각해 보도록 훈련시키는 것이다. 아이에게 무엇을 살 것인가 선택해보게 하고, 실제로 아이가 선택한 것을 구입해서 식탁에서 함께 먹는다. 아이가 자신의 선택과 결정을 일상에서 즐길 수 있게 된다.

학교에서 '과학의 날' 행사가 있을 때도 무엇을 하면 좋을지 아이에게 선택하게 해본다. 학예회가 있는 날에도 무엇을 발표하고 싶은지 어떤 의상을 입고 싶은지, 스스로 선택하게 한다.

우리 아이들이 성인이 되면 지금보다 더 빠른 속도로 변화할 것이고, 그야말로 아이디어 전쟁 시대가 될 것이다. 매번 이럴 수는 없겠지만 엄마가 의식하고 있으면 아이의 미래에 도움이 될 것이다.

✍️ 삶은 선택의 연속이다

아침에 눈을 뜨면 지금 일어날 것인가, 5분을 더 잘 것인가? 오늘은 어떤 옷을 입을까? 어떤 신발을 신을까? 어떤 핸드백을 들까? 오늘 점심은 무엇을 먹을까? 새로운 장소를 가야 한다면 교통편은 어떻게 이용할 것인가? 마트를 가면 같은 종류의 물건 중 어떤 것을 구매할 것인가? 하루에 무수히 많은 일들 중에서 어떻게 우선순위를 정할 것인가? 우리 아이가 어느 유치원에 입학하는 것이 좋을까? 어느 상급 학교에 진학할 것인가? 전공은 무엇을 할 것인가? 어떤 일을 하며 살 것인가? 끊임없는 선택의 기로에 놓일 때마다 힘겹다면 삶 자체가 버거워질 것이다.

성인이 되면 기본적인 용돈은 벌어야 하고, 미래 계획을 세워 구체화시키면서 생활해야 한다. 고등학생 때는 자신의 성적과 진로에 대하여 고민하고, 자신의 선택에 책임을 져야 한다. 중학생 때는 시간 관리를 하고, 동아리와 학원 등을 선택 할 수 있어야 한다. 초등학생 때는 학교 규칙을 이해하고, 단체생활에 적응하며, 기초 지식을 학습할 수 있어야 한다.

유치원 때는 친구들과 함께 어울려 노는 법, 기다리는 법, 새로운 것을 시도하는 법 등을 배운다. 유아 때는 스스로 밥을 먹고, 옷을 입고, 양치를 하고, 장난감을 선택한다. 영아 때는 뒤집고, 앉고, 서고, 걷고 하면서 불편한 것이 있으면 울음으로 의사표시를 한다. 이렇듯 나이에 따라서 선택하고 행동하고 책임을 지는 것이 우리의 삶이다. 어려서부터 이렇게 선택하고 책임지는 것을 배운 아이는 커서도 새로운 선택을 할 때 두려워하지 않는다.

상대를 매칭해주는 결혼회사에서 10년 넘게 일하신 분과 점심 식사를 할 기회가 있었다. 회원들은 자신의 프로필을 보내고, 원하는 상대방의 프로필을 받을 수 있다. 서로 매칭 된다고 생각하는 상대를 찾아 프로필을 소개하고 "약속시간을 잡을까요?"라고 물어보면, 어떤 사람들은 "엄마에게 물어볼게요"라고 대답한다고 했다. 어쩌면 이곳의 서비스 비용을 부모님이 부담해서 부모님의 의견을 존중하는 것이라 생각할 수도 있겠다. 하지만 결혼해서 평생을 같이 살아야 할 사람을 자신이 선택하는 것조차 어렵고 두려워한다면 과연 앞으로 일어나는 수많은 일들을 어떻게 선택하고 결정하며 살아갈 수 있을까?

엄마의 판단이 다 좋을 것이라 짐작하고 미리 다 정해주면, 아이는 습관적으로 엄마의 결정을 기다리게 된다. 그러면 커서도 스스로 결정할 때 자신 없어 하고, 무엇을 어떻게 결정하고 책임져야 할지 두려워하게 된다. 중학생이 되어도 "엄마, 이것 해도 돼?", "이것 먹어도 돼?" 등 계속해서 물어보는 경우도 많다. 질문하고, 생각하고, 결정하고, 행동하는 것은 어리면 어릴수록 좋다. 생각하는 힘도 훈련을 통해 발달하고 성장한다.

내가 코칭을 했던 한 학생은 늘 엄마가 메뉴를 정해주어서 중학교 3학년이 되었는데도 자신이 먹고 싶은 메뉴를 자신 있게 말할 수가 없었다. 다른 주제로 이야기하느라 처음에는 몰랐다가 코칭 5회째 되는 날 "자존감을 높이는 일로 어떤 일을 실천해 보겠니?"라는 질문에 본인이 먹고 싶은 메뉴를 정하고 싶다는 이야기를 했다. 12회의 코칭을 마칠 때쯤에는 자신감도 많이 생겼고, 스스로 해보겠다는 리스트가 많아졌다. 그리고 실제로 그 일들을 하나씩 실천해 나가고 있다.

요즘 아이들은 생각하기 귀찮아하고, 생각하는 힘도 매우 약하다. 하지만 엄마가 늘 질문하면서 생각하는 습관을 길러주면 아이는 초등 6학년까지 13년 동안 생각하고 질문하는 뇌가 형성될 것이다. 선택과 결정 장애에서 벗어날 수 있다.

예전에는 지식과 정보를 많이 아는 사람이 힘이 있었지만, 요즘은 누구나 정보와 지식을 쉽게 구할 수 있다. 이 많은 정보를 어떻게 재정립하고 나의 것으로 만들어 새로운 것을 창출하는지가 관건이다. 우리 아이들이 성인이 되면 이러한 현상은 더욱 분명해질 것이다. 이럴 때 아이에게 질문하고 생각하는 힘이 없다면 더 이상 설 자리가 없게 될지도 모른다.

✏️ 가정의 대소사를 결정할 때 아이를 참여시킨다

가정에서 무엇인가를 결정할 때 아이들을 참여시키는 것은 매우 좋은 방법이다. 설령 차를 바꾼다고 해도 아이와 함께 보러 가고 장점과 단점을 찾아보며 결정하는 것이 좋다. 우리 집에서도 아이가 5학년 때 외국에서 귀국하여 새롭게 차를 구입했어야 했는데, 그때 아이와 함께 자동차를 보면서 예산을 책정하고 그 안에서 충분히 가족이 함께 의견을 나누고 결정했다. 이사를 하는 경우에도 아이의 의견을 물어보고 참고하자.

사실 질문하고 생각하는 아이가 학교 공부를 잘하는 것은 너무도 당연한 일이다. 엄마의 의견이 잘 반영되는 것은 길어야 초등학교 6학년까지다. 어떤 집은 초등 4~5학년부터 자신의 주장을 강하게 펴기 시작한다. 자신의 주장을 강하게 나타내는 것은 사실 좋은 것이다. 이것을 바람직한 방향으로만 이끌 수 있다면 오히려 더 빨리 성숙하고, 내가 왜 공부해야 하는지, 무엇을 공부하고 싶은지, 무엇을 더 잘하고 싶은지를 함께 고민할 수 있다. 아무 생각 없이 엄마가 하라는 것만 하는 것이 그 당시에는 착한 아이 같지만, 장기전으로 보면 오히려 해가 되는 경우가 더 많다.

엄마 말을 잘 듣는 아이는 착할지는 모르지만 주도적이거나 독립적이지 못하다. 그러면 고등학생, 대학생이 되어서 늦은 사춘기가 오고, 자신의 진로, 미래에 대해서 더 많이 갈등하고 혼란의 시기를 겪는다. 언제라도 겪을 것인데 이왕이면 빨리 철드는 것이 오히려 엄마와 아이의 인생 모두에게 좋다. 어려서부터 아이에게 선택권을 주고, 가정에서 선택과 결정을 해야 할 때 아이의 의견을 반영하자. 이런 가정환경에서 자란 아이는 성장하면서 자유롭게 선택과 결정을 하고, 책임을 지는 독립적인 어른으로 성장할 것이다.

05

너무 빨리
싫증을 내요

"우리 아이는 7살 남자아이인데 처음에는 매우 흥분하면서 재미있어 하다가 금방 싫증을 내요. 좀 진득하게 한 가지를 오래 할 수 있으면 좋겠어요."

7살이면 대부분의 아이들이 집중력이 그렇게 길지 않다. 무엇을 하고 있다가도 옆의 친구가 하고 있는 것이 더 재미있어 보이면, 그것에 더 관심이 가는 것이 정상이다. 간혹 어떤 아이는 한 가지에 매우 몰입하는 경우도 있기는 하지만 대부분의 경우 그렇지 않다.

'근성'이란 단어를 사전에서 찾아보면 충성스러운 농부가 임금에게 향기로운 미나리를 바쳤다는 데서 유래한 말로 '정성을 다하여 바치는 마음'이라고 나와 있다. 주변에 '무엇인가를 이루었다'라고 한 사람들에게는 지치지 않는 도전정신과 될 때까지 몰입하고 반복하는 끈기를 발견할 수 있다. 즉 목표한 바를 끝내 이루는 '근성'이 있는 사람들이다.

에디슨은 발명품을 완성하기까지 99번의 실패를 했다고 한다. 그는 실패라고 말하지 않고 단지 과정이었다고 말한다. 될 때까지 시도하는 것이다. 에디슨은 학교에서 잘 적응하지 못했지만, 엄마의 격려와 인정, 가정에서의 독서를 바탕으로 인류 발전에 위대한 기여를 했다.

스티브 잡스도 자본을 구할 때, 함께 일할 파트너를 구할 때, 원하는 디자인을 만들 때 수없이 거절당했지만 그의 근성이 오늘의 '애플'을 만든 것이다.

빌 게이츠 또한 중학교 때부터 컴퓨터에 관심을 가지고 몰입해서 공부보다 컴퓨터와 보내는 시간이 훨씬 많았는데도, 그의 엄마는 용기를 북돋아주고 더 시도해 볼 수 있는 환경을 만들어 주었다. 그러면 어떻게 근성 있는 아이로 키울 수 있을까?

1. 아이가 재미있어 하는 일을 만나게 해준다.

아이가 어렸을 때 무엇인가 시도해보려고 하면 엄마가 적극적으로 힘을 실어주자. 우리 아이는 5살 때부터 스키를 타기 시작했다. 우리 부부도 워낙 스키 타는 것을 즐겼기에 플라스틱 스키를 사서 낮은 곳에서부터 스키 타는 것을 가르쳤다. 보통 1~2시간 하면 힘들다고 눈을 가지고 놀거나, 눈썰매를 탄다. 그런데 우리 아이는 몇 시간을 해도 그만하겠다는 이야기를 하지 않았다. 옆에서 계속 잘한다고 칭찬해주고 조금씩 더 높은 곳에서 내려오게 하며 작은 성취감을 느끼게 해주니, 오히려 그 스릴을 즐겼던 것 같다.

이것을 토대로 아이가 4학년 때는 2주 동안 스위스로 스키캠프를 다녀오기도 했다. 스위스는 자연설이라 안개가 매우 심하게 긴 날은 앞이 잘 보이지 않는데도 중간에 그만두는 법이 없었다. 한국에 돌아와서는 5학년 겨울에 보드를 처음 배웠는데 스키장에 슬로프가 시작하는 오전 8시 30분부터 마치는 오후 5시 30분까지 점심 먹는 30분을 제외하고는 넘어지든 말든 쉬지 않고 제대로 될 때까지 계속 하기도 하였다. 한 가지에 푹 빠지는 아이들은 그 맛을 알아서 다른 관심사를 만났을 때도 또 이런 맛을 느끼고 싶어 한다. 그러면서 근성은 길러진다.

아이가 5살 때 마치 유행이라도 하듯 동네에서 누나와 형들이 매일 인라인스케이트 타는 것을 보고, 자기도 해보겠다고 졸랐다. 우리는 아직 어린 것 같아서 조금 더 커서 배우라고 했더니 꼭 해보고 싶다고 했다. 인라인을 사러 갔는데 다행히도 발에 맞는 사이즈가 있었다. 매일 저녁 신랑이 퇴근하면 아파트 단지에서 함께 인라인 타는 것을 연습했다. 넘어지고 또 넘어졌지만 지칠 줄 몰랐다. 아이가 그만하겠다고 할 때까지 우리는 옆에서 도와주었다.

자전거를 배울 때도 마찬가지였다. 아는 형이 두발자전거를 타는 것을 보고 6살 때부터 보조바퀴를 떼고 싶다고 했다. 우리는 굳이 일찍 할 필요가 없다고 생각하는데, 아이가 늘 먼저 무엇을 해 보고 싶다고 제안을 했다. 주말마다 아빠가 뒤에서 잡아주며 연습을 했더니 어느 순간 보조바퀴 없이 두발자전거를 탈 수 있었다. 근성은 타고난다고도 하지만, 아이가 무엇인가를 시도하거나 배울 때 다양한 방법으로 재미를 느낄 수 있도록 부모가 돕는 것도 아이가 끈기를 배울 수 있는 하나의 방법이다.

아이가 중학교 2학년 때 4명이 한 조로 '소외된 이웃을 위한 산출물 대회'에 참가한 적이 있었다. 이것을 준비하는데 약 6개월 정도 걸렸다. 온전히 아이들의 아이디어로 몽골 지역에서 쉽게 구할 수 있는 재료로 그들에게 도움이 되는 무엇인가를 만들어내야 했다.

아이들은 산출물의 한 부분인 스털링 엔진이라는 것을 만들려고 했으나 생각대로 잘 만들어지지 않은 모양이었다. 다양한 루트를 통해 자료를 모으고, 깡통과 철사, 풍선, 테이프, 알콜램프 등으로 만들기를 30번도 넘게 시도했던 것 같다. 어른이 보기에는 포기하고 다른 것을 할 것 해야 같은데, 이 아이들은 정말 시도하고 또 시도하고를 수도 없이 했다. 지금와서 생각하면 결과물에서 무엇인가를 배울 수도 있겠지만, 그 과정에서 더 많은 것을 배웠겠구나 하는 생각이 든다.

2. 일상생활에서 아이에게 다양한 것을 경험할 기회를 제공한다.

근성 있게 큰 아이의 미래는 다른 아이와 다르다. 26살인 K씨는 자신이 원하는 은행에 들어가겠다고 스스로 목표를 정했다. 서류가 통과되고 면접을 앞두고 있었다. 그는 그 은행에 아침 9시부터 가서 끝날 때까지 은행에서 일어나는 일을 관찰했다. 주로 언제 사람이 많이 오고, 어떤 사람들이 방문하고, 어떤 업무를 보고 가는지 등을 관찰하면서 느끼는 점을 메모했다. 그리고 은행 업무가 끝날 때쯤에는 창구에서 일하는 한 분에게 시간 좀 내 달라고 부탁했다.

퇴근시간이 늦어 설마 기다렸을까 생각하면서 은행을 나왔는데 아직 기다리고 있는 것을 보고는 그 정성에 감탄하여 시간을 내주셨다고 한다. 카페에 가서 1시간 정도 궁금한 것들을 물어보고 은행에 대해서 좀 더 많이 알게 된 후, 면접을 보았는데 결국 합격하여 본인이 원하는 은행에 입사하게 되었다.

이 이야기의 주인공처럼 누구나 적극적이고 근성 있는 아이로 키우고 싶을 것이다. 무엇인가 시도했을 때 최대한 깊이 있게 해볼 수 있도록 엄마가 도와주고 격려해주는 것은 아이에게 큰 영향을 미친다. 어렸을 때는 잘 모를 수도 있지만, 어떤 것을 시도했을 때 성취감을 느끼면 아이는 그것을 또 느끼고 싶어서 다른 경우에도 될 때까지 해보는 근성이 길러진다. 물론 타고난 기질도 있겠지만 양육 방식이 아이의 기질에 많은 영향을 미친다.

엄마가 기대하는 것만큼 못하더라도 끝까지 아이 편에서 믿어주고 오히려 더 격려해주면 끈기가 생긴다. 아이가 관심을 보이는

것에 엄마가 전적으로 응원해준다면 아이는 그 믿음으로 자신이
원하는 무엇인가를 해낼 수 있을 것이다. 이러한 성향은 아이가 어
릴 때 형성된다. 아이가 힘들어할 때 엄마가 옆에서 한 번 더 해볼
수 있도록 격려하고, 다르게 시도해 볼 수 있는 환경을 만들어 주
는 것이 아이의 근성을 키우는 방법이다.

06

축구선수가
꿈이래요

"우리 아이가 무엇을 좋아하는지 모르겠어요. 어떻게 찾을 수 있을까요?"

이와는 반대로 아이가 너무 일찍 무엇을 하겠다고 이야기해도 부모는 당황스럽다. 강의에 오신 한 엄마가 아들이 초등학교 3학년인데 축구를 너무나 좋아한다고 했다. 그냥 단순히 취미로 좋아하는 것이 아니라 아이가 축구단에 들어가고 싶다는 것이다. 과연 '축구단을 들어가게 하는 것이 좋을까? 그냥 축구를 취미로만 하게 하는 것이 좋을까?' 남편과 의논했지만 결정을 내리기가 쉽지 않다고 했다. 충분히 공감이 가고 이해도 된다.

어느 축구 코치님의 이야기다.

"많은 아이들이 자원하여 축구단에 들어오기는 하지만 실제로 훈련이 너무 힘들어서 중도에 포기하는 경우가 아주 많습니다."

초등 저학년이 무언가를 해보고 싶다고 주장하면 해보게 기회를 주는 것이 맞다. 부모님 입장에서는 이때 진로를 정하면 앞으로 절대 못 바꿀 것 같고, 이 길로 계속 가야 할 것 같다. 또는 일찍 운동으로 정했다가 아이가 중간에 안 하겠다고 하면 그 기간 공부 공백기는 어떻게 메워야 하나 등을 고민하는 것이 당연하다. 아이가 무엇을 잘하는지 몰라도 조바심이 나고, 아이가 너무 일찍 자신의 진로를 결정해도 편하지 않은 것이 부모의 마음이다.

하지만 일단 축구단에 들어가서 경험해보면 자신의 실력이 어느 정도인지 객관적으로 평가받을 수 있다. 또한 실제로 훈련을 해보면서 자신이 생각했던 것과 비슷한지 아니면 상상했던 것과 차이가 많은지 스스로 느낄 수 있다.

운동 분야에서는 정말 실력이 우수해야 인정받을 수 있다. 또한 부상이라도 당하면 운동선수로서 생명을 잃기 때문에 더욱더 조심스러운 것은 사실이다. 하지만 운동선수의 길을 가다가 혹시라도 아니라고 판단하여 공부의 길로 돌아온다고 해도 자신의 의지만 있으면 얼마든지 다시 공부할 수 있다. 몸으로 훈련하면서 스스로 깨닫고 배우는 부분도 많기 때문이다.

내가 아는 초등학생 6학년 아이가 있었다. 축구를 매우 좋아했고, 친구들에게도 그의 실력을 인정받았다. 이 아이는 스스로 자신이 사는 지역 구청의 축구선수단 모집에 신청을 하였다. 엄마는 매우 걱정스러웠다. 만약 그 테스트에서 발탁이 되면 아들을 축구선수의 길로 보내야 할지, 아니면 안 된다고 설득해야 할지 고민하고 있었다. 그런데 테스트에서 뽑히질 않았다. 엄마는 한편으로 다행이라 생각했지만 아들이 실망할 것을 생각하니 마음이 아팠다.

이 아이는 스스로 결정을 내렸다. 자신이 사는 지역에서도 선수로 뽑히지 않았으니 전국 단위로 경쟁을 한다고 했을 때 자신이 월등하게 잘할 것이라고 생각하지 않은 것이다. 공부로 방향을 틀었고, 중학교에 입학하면서 학업에 집중하여 좋은 결과를 냈다. 나이가 어림에도 불구하고 자기주도적이고 매우 현명하게 처신한 경우이다. 어려서부터 아이에게 선택권을 준 가정문화가 6학년인 아이에게 이렇게 스스로의 진로를 선택하고 결정할 수 있게 하는 힘을 만들어 주었다.

아이가 어려서부터 한 분야에만 치중하면 부모 입장에서는 걱정스럽기도 하다. 때로는 성장하면서 관심사가 바뀌기도 하기 때문이다. 어려서 자동차를 좋아하다가 건축에 관심을 보이기도 하고, 또 음악에 관심을 보이기도 한다. 하지만 일단 관심을 보이는 시기에 깊게 빠져보면 자신에 대해서도 더 잘 알게 되고 그 분야에 대해서도 더 많은 정보를 얻게 된다. 한 가지를 깊게 알게 되면 다음 번에 다른 관심사로 옮겨갈 때 그것을 어떻게 찾아가야 하는지를 알게 된다. 성장하는데 그것 또한 자양분이 되는 것이다.

아이가 어느 영역에서 강한 관심을 보이면 초등학교까지는 최대한 그 환경을 만들어주고 경험하게 하는 것이 좋다. 하지만 아이도 자신 있게 말하지 못하고, 부모님도 아이의 관심사를 알아차리지 못하는 경우가 더 많다.

내가 아는 또 다른 가정의 사례다. 딸아이가 초등 2~3학년때부터 그림을 많이 그렸다고 한다. 시간만 나면 그림 그리는 것을 좋아하고, 수학문제집에도 여기저기 그림을 그린 흔적이 많았다. 그 당시에는 그림이 눈에 띄지도 않고 특별하게 보이지도 않았다. 중학생이 되면서부터는 앞으로 문과에 갈 것인지 이과에 갈 것인지 선택하는 것만 중요하다 생각했다.

이 아이는 고등학교 때 미국으로 유학 가서 공부를 하게 되었다. 그곳에 갈 때만 해도 미술을 전공을 할 것이라고는 상상도 못했는데, 대학입시를 앞두고 진로상담 선생님도 미술을 권하고, 학생 자신도 미술을 좋아한다는 것을 깨닫게 되었다. 그래서 현재는 미대에 입학해서 즐겁게 학교생활을 하며 자신의 꿈을 펼쳐나가고 있다. 물론 엄마도 딸의 그림을 보면서 만족스러워하고 자신의 진로를 찾아간 딸을 대견하게 생각한다.

아이의 관심사에 부모가 바라는 분야가 아니면 인식이 안 되는 경우가 많다. 부모의 욕심이 눈을 가리기도 하고, 아이의 관심사가 계속 변하기도 하기 때문이다.

축구를 한다고 하던지, 야구를 한다고 하던지, 악기를 한다고 하던지, 미술을 한다고 했을 때 일단 그 물 안에 풍덩 빠져보면 느끼고 배우는 것이 있다. 고등학생의 입장에서 보았을 때 초등학생 때의 일탈은 애교로 느껴진다. 대학을 입학해서도 전공을 고민하는 학생들이 너무 많다. 그래서 복수전공을 하여 전과를 하고, 편입을 하며 진로를 고민하고 수정한다.

✒️ 좋아하는 것이 일이 될 때 느끼는 감정은 또 다를 수 있다

요즘은 이모티콘이 대세다. 열 마디 말보다 하나의 재미있는 이모티콘으로 보여주는 것이 더 강렬하고 의미 전달도 확실하다. 분위기도 더 살아난다. 어떤 분이 이모티콘 그리는 일을 취미로 하고 있었다. 이분의 재능이 인정되어 그 분야에서 함께 일을 하자고 제안이 들어왔다. 단순히 취미일 때는 아이디어도 많고 즐거웠는데 이것을 일로 하려니까 스트레스도 받고 힘들다고 고백했다.

우리가 외국으로 출장을 갈 때도 마찬가지이다. 처음에는 외국으로 출장을 간다는 사실이 흥분되고 마치 여행을 가는 것처럼 즐겁다. 하지만 실제로 회사 일로 출장을 가면 마음의 여유가 없다. 다음 회의를 준비하고, 발표를 맡으면 발표 준비를 하는 등 오로지 일에만 집중하게 된다. 새로운 곳은 자유롭게 여행을 목적으로 갈 때 진정으로 즐길 수 있다.

처음에 마냥 관심이 많고 좋았던 분야를 전문적으로 하려면 생각하지 않았던 문제들을 만나게 되고, 극복해야 할 부분들도 많다. 그럼에도 불구하고 그 일을 계속 하고 싶다면 아마도 그 분야에서 잘할 가능성이 높은 것이다.

초등학생 때 아이가 주도적으로 하겠다고 하는데, 그 길을 부모가 막는다면 그것에 대한 동경과 해보지 못한 미련으로 다른 일을 추진할 에너지를 잃게 될지도 모른다. 초등학생이 축구를 하겠다고 강하게 주장하면 기회를 줘서 스스로 느끼고 결정하게 하는 것이 옳다.

07
아이가 특별히
좋아하는 것이 생겼어요

7세 아이의 엄마가 하는 이야기다.

"우리 아이는 지도에 관심이 아주 많아서 주말에 어디 놀러 가려고 하면 지도로 먼저 갈 곳을 찾아봐요."

초등학생이 여행을 다녀와도 어디를 다녀왔는지도 잘 모르는 경우가 많다. 특히나 우리나라의 지명이나 도시 이름, 동서남북에 대한 개념도 잘 서지 않는 경우가 대부분이다.

이 아이는 지도에 특별한 관심을 갖고 있다. 지도에 관한 경험을 더 많이 할 수 있도록 박물관이나 도서관에도 가보고 지도에 관한 책들을 더 많이 보게 해주면 아이의 궁금증을 해소시켜 줄수 있다.

아이에게 지도를 그려 보게 하는 것도 좋은 방법이다. 아이에게 지도가 왜 좋은지, 어떤 부분이 재미있는지, 무엇을 더 알고 싶은지 물어보면서 아이의 알고 싶은 욕구를 채워주자. 이 아이가 앞으로 지도에 관한 관심을 어떻게 펼쳐 나갈지는 아무도 모른다.

3살인 아이가 공룡에 관심을 보여 아빠가 공룡에 관한 책도 더 많이 사주고, 박물관에도 데려가 더 많이 보여준다고 했다. 36개월 전후에는 책 외에도 모형과 실물을 함께 느끼게 하면 아이들은 더 실감나고 재미있게 받아들인다.

이 아이가 공룡으로 시작했지만 나중에는 어떠한 것으로 관심 분야를 전환하고 확장시킬지는 아무도 모른다. 공룡에 관한 책, 영상물 등을 접하면서 공룡이 살았던 자연환경이나 시대적인 특성에 대해 다른 아이들보다 더 많이 알 수 있을 것이다. 로봇으로 관심 분야가 넓어지면 공룡 로봇이라는 새로운 영역을 개척할 수도 있다.

한 고등학생이 버스 노선에 관심이 많아 서울 시내버스를 하루 종일 타고 다니면서 버스 노선과 불편한 점에 대한 개선책을 제안서로 만들어 버스 회사에 제출했다. 이 학생은 결국 대학에 수시입학으로 교통 관련 학과에 합격했다는 기사를 읽은 적이 있다.

또 다른 학생은 곤충에 관심이 많아서 곤충에 대해 공부하고 순수하게 탐구하면서 학생 시절을 보냈다. 이 학생도 결국 대학에 수시입학으로 곤충 관련 학과에 합격하였다.

이렇듯 무엇인가에 관심을 보인다면 그 환경에 더 많이 노출되

도록 하고, 더 많이 그 분야를 경험해 볼 수 있도록 도와주는 것이
진정 아이를 위한 길이다. 만약 나중에 관심사가 바뀐다고 해도 어
떻게 한 분야를 깊이 있게 탐구해 나가야 되는지 스스로 방법을
찾아갈 수 있게 된다.

🖋 아이가 하고 싶다는 것에 시간과 돈을 들이는 것이 옳다

만약 아이가 특별히 관심을 보이는 것이 없다면 조급해하지 말
고 아이를 관찰하면서 기다려 주어야 한다. 무엇을 할 때 더 즐거
워하고, 무엇을 할 때 더 흥이 나서 하는지 질문과 체험을 통해 아
이가 관심 있어 하는 영역을 찾을 수 있도록 도와주는 것이 엄마
의 역할이다.

어떤 아이는 초등학교 6년 동안 전국을 돌아다니며 역사 현장
답사를 한 달에 두 번씩 하였다. 처음에는 나들이처럼 다녔는데 다
닐수록 관심이 많아지면서 관련된 책들도 많이 읽게 되었다. 이 친
구는 성장하면서 역사에 대해 더욱 관심을 가지게 되었고, 대학 전
공을 사학과로 선택하여 현재 박물관에서 일하고 있다. 어렸을 때
의 관심이 성장하면서 변화되기도 하지만 이렇게 진로로 이어지
는 경우도 많다.

어려서부터 그림 그리는 것을 좋아하는 아이는 항상 스케치북
에 그림을 그렸다. 엄마는 그 그림들을 상자에 잘 담아서 창고에

보관하였다. 아이가 갑자기 고등학교 2학년 말에 미술쪽으로 진학을 하겠다고 하였다. 다른 아이들처럼 미술학원을 오래 다닌 것도 아니고, 예술 고등학교를 다닌 것도 아니었다. 학원 선생님도 미대에 가기에는 시기적으로 늦었다고 하였다. 하지만 면접에서 엄마가 오랫동안 모아두었던 그림과, 미술에 대한 열정 덕분에 미대를 최종 합격할 수 있었다. 그 그림들을 엄마가 무심코 지나쳤다면 이런 좋은 결과는 얻기 힘들었을 것이다.

아이가 유치원에서 그린 그림을 집에 가져오면 벽에 전시해놓고 가능하다면 일부는 보관해두자. 보관할 때에는 아이에게 어떤 그림을 보관할지 선택하라고 하자. 그 과정에서 아이의 관심사를 발견할 수도 있다. 아이가 작년에 매우 중요하다고 이야기했던 것이 올해도 계속될 수도 있고, 1년 사이에 변할 수도 있다. 아이가 선택하여 정리하는 과정에서 자기 자신에 대해서도 알아갈 수 있다. 스스로 무엇을 좋아하고 무엇을 안 좋아하는지.

> **그림 선택하여 정리하기 Tip**
> 1. 그림 선택은 분기별이나 연말에 한다.
> 2. 작년에 보관한 것 중에서 계속 보관할 것과 버릴 것을 선택하게 한다.
> 3. 올해 작품 중에서 보관할 것을 선택한다.

아이가 초등 저학년까지는 다양하게 예체능 활동을 경험하게 해보는 것이 좋다. 유난히 특정 분야에 관심을 보이면 그 영역을 더 깊이 있고 다양하게 체험해 보게 한다.

사실 초등학교 3학년만 되도 무엇을 더 하고 싶고, 무엇은 하기 싫다고 의사를 표현한다. 아이들이 하고 싶다는 것에 시간과 돈을 들이는 것이 옳다. 엄마가 판단해서 시간과 돈을 썼지만, 시간이 지나고 나서 별로 도움이 안 되었다고 아이들이 말하기도 한다.

어떤 집은 초등학교 3학년 아이에게 한 명당 쓸 수 있는 학원비가 월 50만 원이라고 알려주고, 다니고 싶은 학원을 순서대로 적게 한다. 50만 원 안에서 학원을 우선순위로 정한다. 무조건 학원을 많이 다닌다고 공부를 잘하는 것은 아니다. 아이가 관심이 있고, 하고 싶어 할 때 쓰는 돈과 시간이 아깝지 않다. 아이에게 학원의 우선순위를 정해서 선택하게 하면 본인의 선택에 책임을 지고 더 열심히 한다. 아이에게 선택권을 많이 주는 것이 아이 스스로 미래를 설계하고 찾아가는 최고의 방법이다.

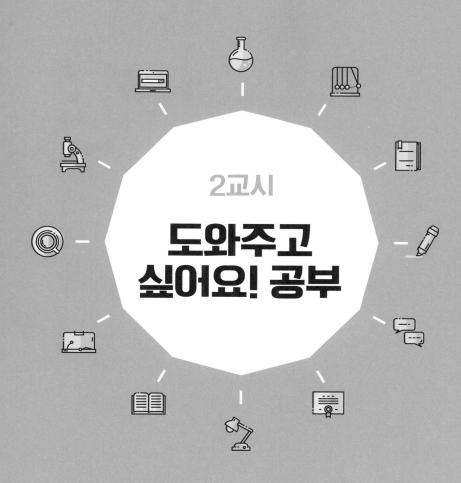

2교시

도와주고
싶어요! 공부

01

좌뇌형 아이 vs
우뇌형 아이

"우리 아이가 좌뇌형인지 우뇌형인지 어떻게 알 수 있나요?"

엄마가 예상하는 대로 아이가 행동하지 않을 때 걱정이 되기도 하고 화가 나기도 한다. 예를 들어 책을 읽을 때 아이는 소파에서 뒹굴며 읽는 것을 좋아하는데, 엄마는 똑바로 앉아서 읽으라고 강요한다. 무슨 일을 시작할 때 엄마는 계획부터 세우는데, 아이는 상황에 맞게 순간순간 결정하고 싶어 한다. 마트를 가더라고 엄마는 리스트에 적은 것만 사려고 하는데, 아이는 눈에 보이면 계획에 없더라도 사고 싶어 한다.

좌뇌형, 우뇌형은 아이만이 아니라 어른에게도 그러한 성향이 나타난다. 일반적으로 좌뇌형은 추상력, 언어사고력, 수리력, 추리력이 더 발달되어 있고, 우뇌형은 집중력, 구성력, 통찰력, 운동능력이 더 발달되었다고 한다. 이것은 완전히 구별되는 것이 아니라, 대부분 양쪽 성향을 모두 가지고 있는데 어느 부분이 조금 더 발달되었는가에 따라 좌뇌형 또는 우뇌형이라고 말하는 것이다.

학자들에 따라 의견이 조금씩 다르긴 하지만 일반적으로 알려진 좌뇌형, 우뇌형의 특징은 다음과 같다.

좌뇌형의 특징

1. 규칙을 따르는 것이 힘들지 않다.

2. 말을 또래보다 빨리 시작하고 말 잘한다는 이야기를 많이 듣는다.

3. 숫자를 좋아하고 연산을 잘한다.

4. 논리적인 것을 좋아하고, 생각하고 행동한다.

5. 순하다는 이야기를 많이 듣는다.

6. 정리 정돈을 잘한다.

7. 계획을 세우고 실천하는 것을 좋아한다.

8. 주변 상황에 관심이 별로 없다.

9. 눈에 보이는 것, 실용적인 것에 관심이 많다.

10. 성실하다는 이야기를 많이 듣는다.

우뇌형의 특징

1. 손끝이 야물다는 소리를 자주 듣는다.

2. 아이들과 함께 놀아도 대장 역할을 하고 싶어 한다. 학교를 다니면 학

급임원 하는 것을 좋아한다.

3. 운동 잘한다는 이야기를 많이 듣는다.

4. 자신이 좋아하는 일을 하면 시간 가는 줄 모르고 집중한다.

5. 틀에 갇히는 것보다 자유로운 것을 더 좋아한다.

6. 창의성이 좋다는 이야기를 많이 듣는다.

7. 공간 감각이 탁월하다.

8. 화려하고 장식하는 것을 좋아한다.

9. 직관이 발달했다.

10. 공감 능력이 탁월하다.

우리 아이가 좌뇌형인지 우뇌형인지 알면 아이를 이해하는데 도움이 된다. 나도 이것을 몰랐을 때는 내 생각이 옳다 생각하고 따르지 않으면 화가 났었다. 그러나 이러한 공부를 하고 난 이후에는 아이를 더 이해할 수 있게 되었다. 우리 아이가 좌뇌형일까 우뇌형일까를 살펴보면서 동시에 엄마의 성향도 함께 알아보면 아이를 키우는데 도움이 된다.

일반적으로 좌뇌형이 수학, 과학을 더 잘하고, 우뇌형이 예술이나 창작에 더 재능이 있다고 한다. 하지만 말을 할 때 단어나 문법은 좌뇌의 영향이고, 거기에 감정을 섞거나 억양을 드러내는 것은 우뇌의 영향이다. 수학에서 방정식을 잘 푸는 것은 좌뇌의 영향이고, 도형을 잘하는 것은 우뇌의 영향이다. 이렇듯 좌뇌, 우뇌를 모두 사용하는 것이 대부분이다. 너무 한쪽으로 치우친 것보다는 양쪽의 뇌를 고루 사용하는 것이 좋다. 간혹 뇌 검사를 해보고 한쪽으로 너무 치우쳐 있다며 다른 쪽 뇌를 발달시키기 위해 훈련한다고 하는 경우가 있는데, 그렇게 해서 얼마나 효과가 있을지는 모르겠다.

좌뇌형인 엄마는 공부를 하려면 책상부터 정리해야 되는 스타일이다. 하지만 우뇌형인 아이는 책상이 아무리 지저분해도 공부에 전혀 방해가 되지 않는다. 그런데 엄마는 잔소리를 시작한다. 아이를 무조건 엄마 스타일에 바꾸려고 하면 스트레스다.

좌뇌형인 엄마는 책을 책꽂이에 꽂을 때 번호대로 정리해야 직성이 풀리지만, 우뇌형인 아이는 번호는 말할 것도 없고 책이 거꾸로 꽂혀 있어도 상관없다.

좌뇌형인 아이를 우뇌형으로 키우려고 노력한다든지, 우뇌적인 아이를 좌뇌적으로 키우려고 애쓴다면 엄마도 아이도 갈등의 골만 깊어진다. 신이 주신 대로 있는 그대로를 인정하고 존중해줄 때 서로가 자유로워질수 있다. 어려서는 엄마가 강요하는 대로 따라오는 것처럼 보인다. 하지만 점차 성장하면서 자신의 스타일이 더욱더 드러난다.

✐ 아이 그대로를 인정하고 존중해줄 때 서로가 자유로워질 수 있다

미래에는 창의력, 공감능력, 융합능력, 팀워크가 중요하다. 우뇌

적인 부분이다. 하지만 전반적인 시스템은 첨단 과학으로 좌뇌적
인 기술이 바탕이 된다. 결국은 좌뇌적인 기술력에 우뇌적인 창의
력과 융합능력이 함께 요구되는 사회이다.

엄마들이 아이를 너무 잘 키우고 싶은 마음에 욕심이 앞서는 것
은 아닌지 생각하게 된다. 나도 엄마의 노력에 따라 아이가 더 훌
륭하게 자랄 것이라고 착각했었다. 물론 평소 아이를 존중해주고,
자존감, 성취감, 생각하는 힘을 키워주는 것은 매우 중요하다. 하
지만 과하게 욕심을 내면서 성과를 내려고 하면 부작용이 따른다.

다이어트를 해도 갑자기 단식을 한다든지, 원푸드 다이어트를
한다든지, 살이 빠진다는 한약이나 양약을 이용하여 무리하면 몸
도 망가지고 요요 현상으로 결국 다시 제자리로 돌아간다. 단시간
에 무엇인가를 강제로 바꾼다는 것은 쉽지 않다. 더디지만 꾸준한
운동과 소식의 습관으로 자신의 건강을 관리하는 사람이 언제나
자신이 원하는 몸무게를 유지할 수 있다.

성형도 마찬가지이다. 예뻐지고 싶어서 작은 곳부터 고치기 시
작하면 자꾸 더 고치고 싶어진다. 고친 곳이 마음에 안 들기도 하
고, 다른 사람만 자꾸 예뻐 보이고, 나의 부족한 부분만 눈에 들어
온다. 있는 그대로 나의 모습을 받아들이고 사랑할 때 모든 것이
평화롭다. 예뻐지고 싶은 욕심은 끝이 없다. 어디까지 고치면 완벽
해지겠는가? 성형수술로 모두가 비슷한 얼굴이 된다면 이 얼마나
우스운 해프닝인가?

좌뇌형과 우뇌형을 이해하고 우리 아이와 엄마의 성향을 이해하면 관계 형성에 도움이 된다. 무엇이 더 좋고 나쁜 것은 없고, 엄마의 성향대로만 키우다 보면 아이가 행복하다고 느끼지 못한다. 아이가 크면서 자신의 색깔을 찾아가고 자신의 소리를 내기 시작하면 갈등을 일으킬 가능성이 많다.

매슬로(Maslow)의 욕구이론 5단계

5단계 : 자아실현의 욕구

4단계 : 존중받고자 하는 욕구

3단계 : 사회적 욕구(관계성, 사랑 등)

2단계 : 안전에 대한 욕구

1단계 : 생리적 욕구(배고픔, 목마름, 피곤함 등)

가지고 있는 재능을 실현하는 단계는 5단계이다. 기본적으로 배고프거나 졸리면 다른 어떠한 것도 실현할 수 없다. 그리고 엄마와 함께 있는 가정이 안전하다고 느껴야 한다. 내가 사랑받고 있다는 믿음이 있고, 존중받는 욕구가 채워질 때 아이는 공부와 자신이 좋아하는 무엇인가에 집중할 수 있다. 엄마 자신과 아이의 성향을 이해하고, 존중해줄 때 아이는 최상의 컨디션에서 최상의 무엇인가를 이루어 갈 것이다.

♥ ♥ ♥

02

초등 저학년인데
학원을 보내야 하나요?

아이가 유치원~초등학교 저학년인 엄마들에게 늘 받는 질문이 얼마나 사교육을 시켜야 하느냐다. 무조건 많이 시킬 수도 없고, 그저 노는 것이 최고라고 무조건 놀라고만 할 수도 없다.

어린 시절에는 다양한 활동을 경험해보는 것이 정말 중요하다. 오감(五感)을 이용해 활동적인 체험을 많이 한 아이는 자라면서 새로운 것을 시도할 때 두려움이 없다. 어려서 새로운 시도나 체험을 많이 해보지 않으면 성장해서도 주저한다.

학원보다는 다양한 활동을 – 게임중독 예방

몸으로 배운 것들은 쉽게 잊어버리지 않는다. 잃어버린다 해도 다시 시도하면 곧 익힐 수 있다. 이러한 관점에서 태권도 같은 운동이나 피아노 같은 악기를 아이가 원한다면 시켜보는 것이 좋다. 특히나 수영은 어려서 시작하면 다소 시간이 걸리기는 하지만 1년 이상 배우면 아이가 물을 두려워하지 않고 물놀이를 즐길 수 있어서 좋다.

우리 집 같은 경우는 아이가 5살 때부터 플라스틱 스키, 스케이트, 눈썰매, 인라인 스케이트, 자전거 타기 등 토요일이면 아이와 운동을 하거나, 공원이나 산과 들로 놀러 다녔다. 어리니 더디 배워 시간과 돈이 아깝다고 생각할지도 모르지만, 몸이 유연하다는 장점도 있다. 그리고 두려움이 없어진다. 또한 어려서부터 하게 되면 즐길 수 있는 것들이 많다는 것을 스스로 알게 되어 나중에 게임만 하는 일을 막을 수가 있다.

초등 고학년만 되도 시간만 나면 게임을 하려고 한다. 요즘에는 초등생들도 PC방에 다닌다. 게임에 빠지는 이유는 게임을 통해서 성취감을 얻고, 잘하면 친구들에게 인정받을수 있기 때문이다.

중학생 아이의 엄마들은 고민이 더 많다. 본격적으로 게임에 더 열광하기 때문이다. 우리 아이는 밖에서 활동하는 것과 운동하는 것을 좋아했다. 게임에만 몰두하는 친구들을 보면 세상에 재미있는 놀거리가 얼마나 많은데, 매일 컴퓨터 앞에서 게임만 할까 하는 안타까움이 마음이 들기도 했다.

어려서 학습에 치우치기보다는 다양한 활동을 시키자. 세상에 놀거리가 얼마나 많은지 몸으로 알면 커서도 다양한 활동을 스스로 하려고 한다. 또한 이러한 과정들을 통해 우리 아이가 어느 영역을 더 수월하게 또 더 재미있게 하는지 관찰할 수 있다.

물건도 실제 구입하고 사용해 봐야 장단점을 알 수 있다. 어떤 일이 재미있어 보여 시작하지만, 막상 내가 그 일을 해보면 생각하지도 않았던 어려운 일이나 다른 면들이 보인다. 이렇듯 아이에게 다양한 기회를 주고 경험해보게 하면 받아들일 수 있는 폭이 더 넓어지게 된다.

✐ 학원을 보낸다면 아이에게 선택권을

학원을 정할 때도 만약 아이가 이것저것 다 하겠다고 하면, 가장 하고 싶은 2~3가지를 선택하게 한 후 1년은 계속 하겠다는 약속을 하고 시작하는 것이 좋다. 재미있을 것 같아 시작했지만 무엇이든지 하다 보면 힘든 부분이 생긴다. 이때 참을 수 있는 힘을 길러주는 것이 매우 중요하다. 조금만 힘들어도 안 하겠다고 하면, 나중에 어떠한 일도 끝까지 할 수가 없다.

어려서부터 한 가지라도 기본 과정을 끝내보면 아이는 성취감을 맛볼 수 있다. 그러면 다른 일을 할 때 힘이 들어도, 그 전에 잘 이겨냈던 경험을 살려 어려운 고비를 넘길 수 있다. 특히 피아노나 수영을 배울 때 그만두고 싶은 몇 번의 위기가 올 수 있다. 하지만 어려서부터 잘 이겨내는 습관은 앞으로 아이가 성장하는데 중요한 토대가 된다. 이 세상의 어떠한 일도 어려움 없이 할 수 있는 일은 없다.

저학년에 학원을 자주 옮기는 집은 고학년이 되어서도 유난히 자주 바꾼다. 그런 경우 아이가 잘하는 경우는 더 드물다. 저학년 때 학원을 많이 다니다 보면 고학년이 되어서 타성에 젖게 된다. 무엇인가를 배운다거나 잘하기 위해서 다니는 곳이 아니라, 아무 생각 없이 학교가 끝난 뒤 다니는 또 다른 곳으로 인식할 뿐이다. 엄마가 가라고 하니까 다닌다는 아이들이 매우 많다.

엄마들의 걱정은 학원을 안 보내면 아이가 무조건 놀기만 한다는 것이다. 아이의 의견을 자주 듣는 것이 중요하다. 현재 다니는 학원이 어떤지를 물어보자. 다니기 싫으면 왜 싫은지도 물어보고, 학원을 안 가면 그 시간에 무엇을 하고 싶은지도 물어보자.

'무조건 학원을 보내세요'도 아니고 '무조건 보내지 마세요'도 아니다. 일반적으로 엄마가 아이의 스케줄을 모두 정하고 아이들은 거기에 따른다. '학원을 가면 아무래도 조금 더 잘하겠지'라는 생각으로 보내는 것은 위험하다. 우리 때처럼 스스로 공부하는 시대라면 학원을 고민할 필요도 없지만, 요즘은 학원을 다녀서 학습하는 세대이기에 더 신중히 생각하고 결정해야 한다.

우리 아이는 초등 1학년, 3~4학년을 외국에서 학교를 다녀서 그동안은 학원을 다니지 않았다. 운동 위주의 방과 후 활동만 했다. 초등 저학년까지는 아이의 관심 영역을 찾는 시기이다. 예체능 활동과 다양한 체험을 하면서 아이를 관찰해보자.

🖋 아이가 어떤 분야의 책을 좋아하는지 유심히 살펴보자

저학년 때는 학원에 가는 것보다 책을 많이 읽는 것이 훨씬 중요하다. 학원 다니는 양과 성적은 비례하지 않는다. 고학년부터는 주도적인 공부 습관이 잡혀 있는 아이들만 공부를 한다.

초등 저학년 때는 최대한 책을 분야별로 많이 읽어서 배경지식을 쌓는 것이 훨씬 중요하다. 우리 집도 어려서는 매일 밤 자기 전에 한글 동화책과 영어 동화책을 읽어주었다. 하루도 빠짐없이 아이는 책을 보고 들으며 잠자리에 들었다.

아이가 혼자 읽을 줄 알면 조금씩 아이가 좋아하는 책 중심으로 양을 늘려가야 한다. 아이가 책을 안 좋아한다고 하더라도 엄마가 한 페이지 읽고, 아이가 한 페이지를 읽게 하는 등 아이가 재미있어 할 수 있는 방법을 찾아야 한다. 아이가 저학년 때 엄마가 가장 집중해야 할 일이다.

초등 저학년까지는 그릇을 만드는 과정이다. 많은 분량을 담을 수 있는 크고 탄탄한 그릇을 만들어 놓으면, 아이가 스스로 고학년이 되면서 무엇을 담아야 할지 찾아간다. 무조건 엄마의 생각대로 학습을 끌고 가면 초등학교 4학년을 전후로 갈등이 시작된다. 옆집이 한다고 해서 불안해하면 안 되고 엄마가 중심을 잘 잡는 것이 무엇보다 중요하다.

♥ ♥ ♥ ♥

03

학습지를
지금 해야 할까요?

"아이 친구들이 국어, 수학, 영어, 중국어, 한자 학습지를 합니다. 현재 우리 아이는 안 하고 있는데 뒤처지지 않을지 신경 쓰입니다."

내용만 달라지지 유치원부터 고등학교 입시가 끝날 때까지 이어지는 엄마의 고민이다. 엄마들은 항상 불안하다. 옆집 아이는 뭔가 더 시키고 있는데, 왠지 그것 때문에 더 잘할 것 같은 마음이 든다. 우리 아이만 놀고 있는 것은 아닌지 걱정도 되고, 엄마인 내가 잘 몰라서 더 많은 것을 제공해주지 못하는 것은 아닐까 내심 신경이 쓰이기도 한다. 옆집 엄마처럼 적정한 시기에 맞추어서 양질의 정보를 제공해주면 우리 아이도 더 잘할 것 같은 생각이 괴롭힌다.

🖋 아이가 숫자를 조금 일찍 아는 것이 크게 중요하지 않다

초등학교에 가면 숫자 모르는 아이 없다. 한글도 조금 늦게 알아도 상관없다. 초등학교 교실에서 한글 모르는 아이는 없다. 아이가 말을 조금 늦게 한다고 해도 상관없다. 한국에 태어난 정상적인 아이라면 말을 못할 수가 없다. 기저귀를 뗄 때도 엄마들이 스트레스를 많이 받는데 조금 여유를 가지고 생각하는 것이 좋다. 3~4개월 또는 1년이 조금 느리면 어떤가. 결국은 다 한다.

선행하는 것도 마찬가지이다. 미리 한 번 보고 또 보면 잘할 것이라고 생각하지만 엄마들의 착각이다. 초등학교 6학년 때 고등학교 수학을 선행해도 스스로 꾸준히 연습하지 않으면 잊어버린다. 학원에서 배우고 몇 년 있다가 다시 공부하면 또 새롭게 느껴진다. 실제 선행학습을 한 아이들의 이야기다. 몇 번을 공부했는지가 아니라, 적기에 본인이 하겠다는 의지가 있을 때 공부하는 것이 가장 효과적이다.

3~7세 시기에 중요한 것 2가지를 꼽으라면 '독서와 영어'를 강조하고 싶다. 독서를 습관화하여 책을 좋아하는 아이로 키우는 것이 제일 중요하다. 아이에게 제일 잘 맞는 공부법을 찾아야 한다. 획일적인 학습방법은 큰 의미가 없다. 학습지를 하면서 진도를 나가고 아이가 대답을 잘하면 앞서나가고 있는 것 같지만, 유아 시절에 학습된 지식은 매우 1차원적인 것이다. 그 또래에 비해서는 잘

하는 것처럼 보일지 모르지만 상황은 계속 바뀐다.

초등학교 3학년까지는 엄마의 열정과 노력으로 아이의 성적이 잘 나올 수 있다. 하지만 초등학교 4학년이 되면서부터는 서서히 아이의 실력이 나오기 시작한다. 그런데 책을 많이 읽는 아이들은 학년이 올라갈수록 성적이 향상된다. 이미 다양한 책에서 읽었던 내용들이 학교 수업시간에 나오기 때문이다. 사회를 어려워하는 아이도 있고, 역사를 어려워하는 아이도 있으며, 과학을 유난히 어려워하는 아이도 있다. 이러한 현상이 초등 4~5학년이 되면 확연히 드러난다.

그런데 아기 때부터 책을 재미있게 읽는 아이들은 학교 공부를 덜 어렵게 느낀다. 글밥이 많은 책 읽기를 권하지만, 읽기 쉽게 그림이 많고 마치 만화처럼 된 책들도 안 읽는 것보다는 훨씬 도움이 된다. 힘겹게 학습지를 매일 풀게 하는 것보다 책을 좋아하는 아이로 키우는 것이 시간이 갈수록 도움이 된다. 시간을 정해놓고 책을 읽을 수 있도록 습관을 만들어주고, 시간표를 함께 만들어보자.

한자급수 시험도 유치원생부터 보는 경우가 있다. 처음 9급, 8급, 7급, 6급을 공부하여 합격하면 그 아이는 매우 잘하는 것처럼 보인다. 하지만 쓰기가 나오고 내용이 조금 어려워지면 대부분 그만하고 싶어 한다. 아주 힘들게 엄마가 시켜서 한 단계 위로 올라갈 수는 있지만 절대로 끝까지 갈 수 없다. 시켜서 하는 공부는 언젠가 한계가 온다.

그렇다면 공부를 시키지 말라는 것인가? 그렇지 않다. 아이에게 이런 것이 있다는 것을 소개시켜주고, 아이가 관심을 가지면 조금씩 단계를 높일 수 있다. 아이는 별로 관심이 없는데, 엄마가 강제로 시켜서 진도를 나가다 어느 순간 멈추면 대부분을 잊어버린다. 언제 배웠냐는 듯이 하나도 배우지 않은 아이들과 별로 차이가 없는 경우도 많다.

유아의 경우에는 이렇게 학습지를 통해서 배우고 익히는 것보다, 책이나 경험을 통해서 익히는 것이 훨씬 오래간다. 학습에 연관된 것이라면 아이 수준에 맞는 책을 읽히는 것이 더 경제적이고 더 유익하다. 책이 아닌 체험을 통해서 익히는 것이라면 아이에게 더 오래 기억된다. 우리가 모든 것을 체험할 수 없기 때문에 책을 통해서 간접 경험을 하도록 하는 것이다.

방문학습지를 할까 말까를 고민하고 있다면

'학습지를 통해서 아이가 어떤 것을 얻기를 원하는가'를 먼저 생각해보자. 단순한 연산이나 단순한 암기라면 꼭 방문학습지가 아니라, 서점에서 판매하는 책으로 엄마가 집에서 시간을 함께 정해놓고 하는 것이 더 나을 수도 있다. 아이가 주도적으로 할 수 있는 습관을 기를 수 있는 좋은 기회이다. 대부분의 가정에서 제일 어려운 것이 꾸준히 하는 것이다. 그래서 방문학습지를 하는지도 모르겠다. 그런데 이렇게 유치원 때부터 외부의 강제적인 시스템에 의존하는 것은 매우 위험한 일이다. 이렇게 시작하면 고등학교 3학년까지 스스로가 아니라 외부의 힘에 의존해야 할지도 모른다.

어려서의 학습습관은 매우 중요하다. 제일 중요한 것은 '조금이라도 아이가 주도적'으로 할 수 있도록 엄마가 이끌어 주는 것이다. 아이가 재미있어 하고, 아이가 주체가 되어야 한다. 강제로 하는 공부는 절대 오래가지 못한다.

늘 무엇인가를 결정할 때의 기준은 '우리 아이'이다. 형제, 자매 간에도 성격, 노는 방법, 좋아하는 과목, 취향이 모두 다르다. 그러니 '옆집 아이가 무엇을 한다고 하는데 우리 아이도 해야 할까?'를 고민하기보다 '현재 우리 아이가 가장 관심 있어 하는 부분이 무엇일까?'를 고민하는 것이 맞다.

여러 명의 아이를 키우는 경우에도 첫째에게 했던 방법을 둘째에게 적용하면 생각만큼 되지 않는다고 말씀하신다. 이렇듯 학습지를 해야 할지 말아야 할지는 우리 아이를 관찰하면서 이것이 필요한지 아니면, 이것보다 다른 것을 하도록 하는 것이 좋을지를 결정해야 한다. 유아 시절에는 단순한 암기의 반복학습보다는 창의력을 키울 수 있는 다양하고 새로운 놀이를 중심으로 활동하는 것이 장기적인 학습 능력에 더 좋은 결과를 가져온다. 과거 우리가 교육받던 시대는 암기를 잘하는 사람이 성적이 좋았고 기회도 많았다. 하지만 앞으로 우리 아이들이 살아갈 4차 산업혁명시대는 단순한 암기가 아니라 생각하는 힘이 더욱 요구되는 시대이다. 문제를 인식하고 그 문제를 풀어나가는 방법을 요구하는 시대이다.

04

학습습관
어떻게 만들어 주나요?

5살만 돼도 가정에서 가장 많은 갈등이 생기는 것이 학습이다. 엄마는 해야 한다고 하고 아이들은 안 하고 싶어 한다. 물론 인성이 중요하고 자신의 재능을 발견하는 것도 중요하지만, 특정 분야에서 두각을 나타내는데도 성적이 발목을 붙잡아 하고 싶은 일을 못할까봐 걱정이 된다.

특별한 영재를 바라는 것도 아니고 전교 1등을 바라는 것은 더더욱 아니다. 그저 자신이 하고 싶은 일을 하는데 성적이 방해가 되지 않기를 바라는 마음뿐이다. 그럼에도 불구하고 아이와 학습적인 부분에서 자주 부딪힌다.

어떻게 지혜롭고 현명하게 할 수 있을까? 다른 집들은 모두 잘하는 것처럼 보이고, 우리 아이만 안 하고 싶어 하는 것처럼 보인다. 하지만 모든 가정이 마찬가지다. 차이가 있을 뿐이지 공부하고 싶어 하는 아이는 없다. 다만 공부에 대한 욕심이 있는 아이는 있다. 무엇인가를 성취하고 싶어 하고 친구들보다 잘하고 싶은 것이다. 그래서 놀고 싶지만, 해냈을 때의 기쁨을 알기 때문에 참고 하는 것이다.

✍ 학습습관도 엄마에게 달려 있다

1. 아이가 학습에 관한 아주 작은 성과를 보였을 때 적극적으로 칭찬해준다. 어릴 때는 칭찬받고 싶어서 또 한다.

2. 하루 해야 할 양을 많지 않게 정한다.

아이가 할 수 있는 양을 정해준다. 양은 다소 적다라는 느낌이 드는 것이 동기부여가 된다. '1장만 하면 되네'라고 생각하면 금방 할 수 있다.

3. 공부 시간이 아니라 공부의 양이 기준이 되어야 한다.

하루 1장, 또는 하루 10문제 이런 식으로 집중해서 빨리 끝내면 놀 시간이 많아진다는 것을 스스로 깨닫게 해주면 좋다.

4. 아이의 눈높이에서 어렵지 않은 수준으로 시작한다.

정답율이 70~80% 정도 되는 수준부터 시작한다. 어렵게 하면 절대 안 되고, 아이가 부담 없이 할 수 있다는 느낌을 갖도록 해주어야 한다. 만약 수준이 조금 높다면 문제의 수를 적게 하거나, 정답율을 낮추는 등의 방법으로 접근한다. 공부가 어렵다고 느끼는 순간 하기 싫어진다. 유치원, 초등 저학년에는 "하니까 점점 재미있네"라는 느낌을 갖게 하는 것이 매우 중요하다.

5. 반드시 매일 해야 한다.

이 부분은 엄마의 몫이다. "나 오늘 공부할래요" 이렇게 말하는 아이는 이 세상에 없다. 하루 중 아이 컨디션이 가장 좋은 상태를 고려해서 매일 같은 시간에 하도록 엄마가 도와줘야 한다. 하루라도 빠지면 아이는 마음속으로 '안 해도 되는구나' 생각하고 '내일 하면 되지 뭐'라고 스스로 위로한다. 아이가 어린 경우는 공부 시작하기 20분 전에도 알려주고, 10분 전에도 다시 한 번 알려준다.

6. 아이가 공부하는 시간에는 엄마도 공부를 한다.

아이는 공부시키고 엄마는 핸드폰으로 카톡하거나, 거실에서 TV 보고 있으면 아이는 속으로 '나도 엄마, 아빠처럼 TV 보고 싶다'고 생각한다. 엄마도 책을 읽든 잡지를 읽든 신문을 보든 가계부를 쓰든 무엇인가를 해야 한다. 만약 엄마가 전화 통화를 하면 아이는 그 내용이 궁금해서 절대로 학습에 집중할 수가 없다.

7. 글씨를 처음 쓰기 시작할 때는 적당한 양을 준다.

양이 중요한 것이 아니라, 바르게 쓰는 것이 중요하다. 수학도 문제를 많이 푸는 것이 중요한 것이 아니라, 정확하게 푸는 연습이 중요하다. 이런 습관이 유치, 초등에 잡히지 않으면 고등학교 3학년까지 고쳐지지 않는다.

8. 책을 많이 읽어준다.

유치원/초등학교에서 선생님의 말씀 또는 수업을 집중해서 듣는 아이가 고학년으로 올라갈수록 성적이 좋다. 어려서부터 엄마가 책을 많이 읽어주면 아이는 집중해서 듣는 훈련이 된다. 스토리에 빠지면서 상상도 하지만 주인공의 이야기가 궁금해서 엄마의 말소리를 놓치지 않으려고 집중해서 듣는다.

9. 끊임없이 아이의 의견을 물어본다.

어리다고 엄마가 모든 스케줄을 정하고 지시하면 아이는 강압적으로 느껴지고 무조건 하기 싫어진다. 아이의 의견을 참고하고 함께 정하면 자신의 의견이 존중받았다고 느껴서 더 책임감을 갖게 된다.

책을 정할 때도 서점에 가서 함께 고른다. 다른 엄마들이 좋다고 권하는 것이 우리 아이에게 맞을 수도 맞지 않을 수도 있다. 그 연령 때에 읽어야 할 책들은 크게 다르지 않다. 서점에서 직접 책을 선택하게 하면 아이도 더 많은 관심을 갖게 된다.

10. 엄마와 관계가 좋은 아이가 끝까지 학습에서 좋은 결과를 보여준다.

'공부는 하기 싫고 힘든 것'이란 것을 엄마가 먼저 인정하고 시작해야 한다. 그 마음을 먼저 공감해주어야 한다. 공부 조금 더 시키겠다고 강압적으로 하면 그 효과는 초등학교 3학년까지다. 엄마와 관계가 좋은 아이가 성적에서 상승 곡선을 그린다는 것을 잊어서는 안 된다.

학습도 여러 재능 중 하나일 뿐이다. 모든 아이들이 공부에 재능을 가지고 태어나지 않는다. 우리 아이가 유치원 때 어린이 전문 한의원에 가서 한약을 지으며 키가 얼마나 클 것인가를 여쭈어 본 적이 있다. 그 한의사 선생님의 답변은 "아빠와 엄마 키의 평균에 ±5cm입니다"였다. 예측 가능한 답변이었다.

어쩌면 이 이야기가 아이의 학습과도 연관이 있지 않을까? 엄마, 아빠 공부 머리가 뛰어나면 아이도 그럴 가능성이 매우 높다. 하지만 엄마, 아빠가 평범하면 아이도 그 정도일 것이다. 학교 다닐 때 엄마, 아빠 성적의 평균에 ±5가 아이의 성적일 것이라고 생각하면 어떨까? 아이에게 우리 자신을 넘어서는 무리한 기대를 하고 있는 것은 아닌지 생각해보자.

✍️ 아이가 혼자 있는 시간에 무엇을 하는지 유심히 관찰해보자

진정한 자유 시간에 아이들은 본능적으로 하고 싶은 것을 하며 시간을 보낸다. 어떤 아이는 그림을 그리고, 어떤 아이는 게임을 하고, 어떤 아이는 책을 읽고, 어떤 아이는 뒹굴고, 어떤 아이는 놀이터에서 놀고, 어떤 아이는 역할놀이를 할 것이다.

한 중학생이 미술을 좋아하여 미술을 진로로 정하고 미술학원에 등록하고 다니기 시작했다. 자신이 미술을 좋아한다고 생각했기 때문에 미술 숙제도 재미있을 줄 알았다. 하지만 영어나 수학처럼 미술숙제도 열심히 하지 않는 자신을 보고, 과연 미술을 전공할 만큼 좋아하는지 고민이 된다고 하였다. 무엇인가를 제대로 하려면 아주 오랜 시간 몰입해서 할 수 있어야 한다.

어떤 아이는 골프를 재미있어 하고 또 잘해서 초등 고학년부터 레슨을 받았다. 그래서 부모님은 골프로 진로를 정할 거면 아예 골프만 전문으로 하는 기숙학교에 입학하는 것이 어떻겠냐고 아이에게 제안을 하였다. 그런데 막상 이런 제안을 받은 아이는 결정을 할 수가 없었다. 골프가 재미있고 좋기는 한데, 기숙학교에 가서 종일 골프만 연습하고 훈련받을 생각을 하니 두렵기도 하고 부담스러웠다. 결국 일반 중학교에 입학을 하였고, 본인은 골프는 취미로 하고 싶다고 결정했다.

가장 중요한 것은 자신의 의지와 열정이다. 미래에 직업으로 삼기 위해서는 경쟁이 뒤따르고, 뛰어난 결과물을 만들어내야 한다고 생각하는 순간부터 부담감이 생긴다. 이런 관점에서 보면 어려서부터 자신이 좋아하는 것에 몰입하는 즐거움을 주는 것은 매우 중요하다. 좋아해서 많이 하다 보니 또래집단에서 잘하게 되고, 즐기면서 하니까 결국 자연스럽게 잘하게 되는 것이 좋은 경우이다.

공부도 목표가 있고, 열정과 의지가 강해야 성과를 낼 수 있듯이 다른 분야도 마찬가지이다. 초등까지는 엄마의 도움으로 무엇이든 잘할 수 있다. 하지만 중·고등학교에 가서 스스로 하지 않으면 좋은 결과가 나올 수 없다. 엄마가 아무리 잘하게 하고 싶어도 고등학생에게 엄마는 맛있는 것 해주고, 집안의 편안한 분위기를 만들어주는 따뜻한 사람인 것이지 더 이상 성적을 주도할 수는 없다.

대부분의 아이는 노는 것을 좋아한다. 하지만 유형은 모두 다르다. 무엇을 가지고 노는지, 어떤 말을 하면서 노는지 관찰하면서 우리 아이가 어떤 강점을 가지고 있는지 잘 찾아보자. 그러면서 적절한 타이밍에 구체적으로 칭찬을 해주자. 아이도 자신의 강점이 무엇인지 자꾸 들으면 그것을 더 잘하고 싶은 마음이 커져서 더 열심히 하게 된다.

05

질문이
너~무 많아요

"저희 아이는 6살인데 유치원에서 질문이 너무 많다고 선생님이 질문을 못하게 하세요. 어떻게 해야 할까요?"

참 안타까운 이야기다. 질문이 많다는 것은 아이가 호기심도 많고, 생각하는 힘도 있고, 질문할 용기도 있다는 뜻이다. 하지만 선생님 입장에서는 수업 진도를 나가야 하기 때문에 한 아이가 계속 질문을 하면 수업에 방해가 될 수 있다.

유태인 학교에서는 만약 주제가 '자동차'라고 한다면 교실에 있는 학생들이 모두 다른 이야기를 할 때까지 그 수업이 진행된다고 한다. 학생이 25명이면 '자동차'에 대한 25가지의 다양한 이야기가 나온다. 서로 다른 의견을 인정해주고 존중해준다.

오바마 대통령이 G20회의를 마치고 코엑스에서 한국 기자들게 질문을 받겠다고 했다. 이곳이 한국이니 한국 기자들에게 먼저 질문할 기회를 주었다. 그런데 한국 기자들 중 손을 든 사람은 아무도 없었다. 그 자리에 함께 참석한 중국 기자가 손을 들고 만약 한국 기자들이 괜찮다고 하면 자신이 질문해도 되겠냐고 말했다. 당황한 오바마 대통령은 만약 통역이 필요하다면 도와드릴 것이라고 한국 기자들에게 다시 한 번 질문할 기회를 주었다. 하지만 이미 어색하고 왠지 더 용기가 필요할 것 같은 분위기로 변해 버렸다. 중국인 기자가 당당한 목소리로 질문하는 영상을 보았다. 이 영상을 보면서 '왜 우리들은 질문을 잘 못할까?'를 생각하게 되었다.

우리는 주입식 교육을 받으며 자랐다. 한 교실에 50명이 넘는 콩나물시루 같은 교실에 선생님은 한 분이었다. 질문을 하고 그 답을 하는 방식이 아니고, 선생님이 지식을 전달하는 방식의 교육이었다. 또 어른에게 질문하거나, '나의 생각'이라고 주장하면 버릇없고 건방진 아이로 간주되었다.

이제는 시대도 변하고 교육방식도 변하고 있다. 앞으로는 더욱 빠른 속도로 변할 것이다. 지금은 공교육에서도 어떻게 하면 교실을 질문과 토론의 학습장으로 만들어갈지 고민하고 있다. 선생님은 주제를 던져주고, 이것을 생각하고 토론하며 학습하는 주체는 학생이 되도록 하자는 의식이 확산되고 있다. 요즘은 초등학교 교실에서도 '질문이 있는 교실', '토론이 있는 교실'을 지향한다.

유치원 교실도 변화가 일어날 것이다. 선생님이 10개를 가르쳐야 한다는 생각에서 조금 자유로워질 필요가 있다. 10개 중 5개밖에 못 가르쳤어도 아이들이 5개에 대해 충분히 질문하고 발표하고 다른 친구의 새로운 생각을 들을 수 있다면, 10개를 주입식으로 배운 것보다 더 많은 것을 배울수 있다. 주입식 교육으로 성장한 사람들에게 새로운 교육방식은 서툴고 불편할 수 있다. 하지만 기성세대부터 변화되어야 한다. 유치원에 다니는 아이가 질문이 많다는 것은 바람직한 현상이다.

오래전 유치원 아이들에게 영어를 가르쳤던 적이 있다. 그중에서 유난히 질문이 많았던 한 명이 기억이 난다. 매우 똑똑한 아이였는데 수업에 방해가 될 정도로 질문이 꼬리에 꼬리를 물고 끊이질 않았다. 그 친구는 정말 궁금한 것이 많았다. 책이나 생활영어에 관한 질문을 수업시간에 모두 물었다. 물어보고 자신이 궁금했던 것들에 대한 답을 얻었을 때 매우 만족해하는 미소를 지었다. 물론 교실에서 한 명만 지속적인 질문이 이어질 때는 진행하는 선생님이 곤란할 수 있다. 그럼에도 불구하고 이 수업방식을 다른 아이들에게 전파하는 것이 앞으로 우리가 해야 할 일이다.

한 아이가 질문하면 선생님이 답을 주기보다는 "이 질문에 누가 답해볼까?" 하고 아이들에게 답할 기회를 만들어준다. 이러면 이야기가 이어지고 질문에 답을 생각해 보면서 다른 아이들도 함께 성장할 수 있을 것이다.

✍ 좋은 질문은 자동차 판매도 증가시킨다

영업사원이 상품을 팔 때도 질문 하나로 판매실적을 더 높일 수 있다. 만약 어느 고객이 자동차를 구입하고자 한다면, 그 고객에게 다양한 질문을 해서 니즈와 취향에 대해 최대한 많이 알아내는 것이다. 그것이 새로운 자동차에 대해 설명하는 것보다 훨씬 이득이다. 무조건 이 자동차는 가격이 얼마고, 연비가 어떻고, 새로운 기능은 어떠한가를 설명하는 것보다, 먼저 고객에게

"자동차란 고객님께 어떤 의미가 있나요?"

"자동차를 구입할 때 어떤 부분을 가장 중요하게 생각하시나요?"

"기존 자동차에서 이번에 새롭게 바꾸려고 하는 이유는 무엇인가요?"

"자동차의 주 용도는 무엇인가요?"

"자동차를 구입할 때 피하고 싶은 것은 무엇인가요?"

등 여러 가지 질문을 통해서 고객의 성향을 파악하면, 가장 적합한 모델을 추천할 수 있어 판매 가능성이 훨씬 높아진다. 물론 이럴 때 고객이 인터뷰 받는다는 느낌이 들지 않게 적절하게 정보를 주면서 고객의 성향을 파악하는 것이 중요하다.

아이를 키울 때도 마찬가지다. 상황에 따라 아이의 욕구가 무엇인지 잘 살펴볼 필요가 있다. 엄마가 이것이 중요하다고 생각해서 하자고 했을 때 아이가 마음속으로 동의하지 않으면 '하는 척'만 할 수 있다. 아이가 무엇인가를 잘하다가도 갑자기 싫다고 할 때가

있다. 그러면 엄마는 시간을 가지고 아이의 내면을 이해하려고 노력해야 한다. 조심스럽게 시도하면서 적절한 질문으로 아이의 상황을 파악하는 것이 중요하다. 아이가 자신의 주장을 강하게 말할 때 엄마는 당장은 이해가 안 되지만, 그럴 만한 이유가 있었음을 나중에는 알게 된다.

내가 엘리베이터를 탔는데 5세, 7세 정도로 보이는 남매와 엄마가 함께 엘리베이터 안에 있었다. 아이 두 명이 서로 발을 밟으며 장난을 심하게 하고 있었다. 엄마가 몇 번 주의를 주었는데도 아이들은 멈추지 않았다. 엄마가 소리 지르기 일보 직전이었다. 그런데 엄마가 아이들에게 이렇게 질문했다.

"엄마가 왜 하지 말라고 하는 걸까?"

그랬더니 큰아이가 대답했다.

"장난하다가 다칠 수도 있고, 넘어질 수도 있으니까요."

그리고 드디어 장난을 멈췄다. 이렇듯 질문에는 행동을 자제시키는 힘까지 있다.

일본의 한 기업에서 '질문하기 문화'를 정착시키겠다고 사장이 회사 전체에 공지를 하였다. 처음에는 모두 불편해하고, 기존의 대화 방식을 고수해서 특별한 변화를 느끼지 못했다. 먼저 영업부에서부터 질문으로 대화하는 방법을 배웠고 점차 전 직원에게 확대시켰다. 9개월 후부터 본격적인 변화가 일어나기 시작했다. 지난 분기에 비해 회사 영업실적이 56% 이상 향상된 것이다. 회사의 이

직률도 줄고, 고객으로부터 감사편지도 받게 되었다.

많은 엄마들이 아이가 똑같은 질문을 반복해서 더 힘들다고 이야기한다. 엄마 입장에서는 짜증이 날 수도 있다. 하지만 아이 입장에서는 그 질문에 대한 답을 완전히 듣지 못했거나, 조금 다른 질문인데 다르게 설명할 수 없어서 같은 표현으로 반복해서 물어보는지도 모르겠다. 어쩌면 엄마와 더 이야기를 하고 싶어서, 엄마에게 더 사랑받고 싶어서 계속 같은 질문을 하는지도 모르겠다. 우리 아이의 눈을 바라보며 조금만 더 진지하게 이야기해보자. 아이의 반복되는 질문이 어떤 마음을 담고 있는지 말이다.

유치원에서 질문이 너무 많아 선생님이 힘들어한다면 엄마라도 그 질문들에 대해 함께 답을 찾아보자. 아이는 또 다른 지적 호기심과 성취감을 느낄 것이다. 무엇인가 궁금해하고 하나씩 알아가는 즐거움은 아이에게 생각하는 힘을 키워주는 원동력이 된다. 질문이 많은 것을 고민할 것이 아니라, 질문이 없는 아이를 어떻게 질문하는 아이로 도와줄 것인가를 고민해야 하지 않을까?

06
동화책 내용을
마음대로 바꿔요

　사실 강의는 자녀교육에 관심과 열정이 많으신 분들이 참석하신다. 그러기에 강의 중에 나오는 이런저런 이야기들을 서로 공유하고, 그 지역의 정보를 서로 나누기도 한다. 직접 몸으로 체험하는 활동을 다양하게 하는 것이 왜 중요한지, 나중에 어떤 힘을 발휘하는지에 대해 강의하면서 집에서 아이들과 구체적인 놀이활동을 어떻게 하고 계시는지 여쭈어 보았다.

　"저는 동화책을 읽고 난 후에 나무젓가락에 등장인물을 그려서 붙인 후 아이와 역할놀이를 해요."

　이런 이야기를 들으면 그 자리에 참석한 다른 엄마들도 자극을 받아 집에 돌아가서서 더 열심히 재미있게 놀아주겠다고 말씀하신다. 역할놀이를 통해 다양한 역할을 해보면 그 입장을 이해할 수 있게 되고, 마치 연극무대에서 주인공이 된 듯한 즐거움도 느낄 수 있다. 그러면 공감 능력도 좋아지고, 표현력도 풍부해지고, 친구들과 대화도 더 잘하게 된다. 동화책을 읽은 후 역할놀이를 하면서 때로는 자신이 새롭게 이야기를 만들어가기도 하는데, 이러한 활동으로 아이의 상상력은 더욱 풍성해질 것이다.

✍ 동화책을 읽은 후 질문을 통한 독후활동

아이와 함께 책을 읽은 후 역할놀이도 좋고, 다양한 질문을 해보는 것도 좋다. 예를 들어《흥부와 놀부》의 책을 읽었다면, 질문을 만들어 보자. 아이의 눈높이에 맞추어 질문하고, 이야기를 나누면 새로운 각도로 사물을 바라볼 수 있는 생각주머니를 키워줄 수 있다.

1. 다친 제비 다리를 고쳐 주는 흥부의 마음은 어땠을까?

2. 《흥부와 놀부》를 다른 이름으로 바꾼다면 어떻게 바꿀 수 있을까?

3. 내가 흥부였으면 어떻게 했을까?

4. 내가 놀부였으면 어떻게 했을까?

5. 흥부가 박을 열었을 때 어떤 물건이 나올 것이라 기대했을까?

6. 부자란 어떤 것일까?

7. 가난하다는 것은 무엇일까?

8. 왜 사람들은 부자가 되고 싶어 할까?

9. 가난하다는 것과 부자라는 것은 무엇이 다를까?

10. 어떤 부자가 되고 싶은가?

11. 형제란 어떤 의미가 있을까?

12. 가족이란?

13. '제비' 대신 다른 새, 다른 동물로 바꾼다면?

14. 흥부가 박씨를 심지 않았다면?

15. 놀부가 일부러 제비의 다리를 다치게 하지 않았다면?

등등 다양한 질문들을 만들 수 있다. 처음에는 엄마가 질문할 수도 있지만, 나중에는 아이와 번갈아 가면서 질문하고, 토론하고, 아이가 생각을 정리해서 말할 수도 있다. 가정에서 어려서부터 하면 아이는 논리적 사고, 비판적 사고, 창의적 사고를 모두 갖출 수 있다.

학교나 학원보다 가정에서의 교육이 아이를 성장시키는데 훨씬 더 많은 영향을 준다. 무엇보다 중요한 것은 아이가 어려서부터 어떻게 대화하며 성장하는가이다. 서로 대화가 되는 아주 어린 시기부터 하는 것이 좋다. 매일 밤 자기 전에 읽어주는 동화책에서부터 시작하면 자연스럽게 이어질 수 있다. 물론 아이가 질문 없이 무조건 더 읽기를 원하면 더 읽는 것이 좋다. 하지만 엄마가 이런 생각을 가지고 시도해보면 어떤 경우에는 아이도 흥미롭게 반응할 것이다.

🖋 한 가지 질문에 대한 다양한 답변

다음과 같은 질문을 아이에게 해보자.

"도둑 두 사람이 굴뚝으로 들어갔다 나왔는데, 한 사람은 얼굴이 까맣게 그을렸고, 다른 한 사람은 그렇지 않았다. 두 사람 중 누가 세수를 할까?"

아이들의 답변은 다양할 수 있다.

"얼굴이 까맣게 그을린 사람이요. 왜냐하면 상대방이 얼굴이 까맣다고 말을 해주니까요."

"얼굴이 까맣지 않은 사람이요. 왜냐하면 상대방을 보니 얼굴이 까맣게 그을려서 자신의 얼굴도 그럴 것이라고 생각해서요."

"둘 다 세수했을 거 같아요. 왜냐하면 얼굴이 하얀 사람이 먼저 씻고, 나중에 까맣게 그을린 사람도 씻었어요."

"말이 안 돼요. 왜 두 사람이 들어갔는데 한 사람만 까맣게 될 수 있죠?"

"두 사람 중 한 사람은 원래 흑인이고, 다른 사람은 백인이어서 둘 다 씻을 필요가 없었어요."

등등 해답은 여러 가지가 있을 수 있다. 아이가 한 가지로 대답하면 또 다른 경우는 없을까 하고 '또, 또, 또'라는 질문을 계속 해보자. 정답을 찾는 것이 중요한 것이 아니라, 한 가지 질문을 가지고 다양하게 생각할 수 있는 힘이 중요하다. 이러한 연습은 다른 사람이 아닌 바로 부모가 할 수 있는 일이고, 늘 생활 속에서 이루어져 몸에 익으면 생각하는 아이로 자랄 수 있게 된다.

　동화책을 읽고 난 후 역할놀이, 열린 질문, 토론을 함께 해보자. 아이가 동화책을 읽은 후 내용을 마음대로 상상하고 변화시키는 것을 충분히 공감하고 확장시켜 주는 것이 좋다. 어떻게 하면 우리 아이의 생각주머니를 확장하고 더 창의적인 사고를 할 수 있을지에 대해 방법을 찾아보는 것이 엄마가 할 일이다.

07

책을 가까이하는
아이 만들기

독서를 즐거워하는 아이는 성장할수록 더 빛을 발한다. 처음에는 엄마가 읽어주지만, 나중에 스스로 읽게 되면 책 읽는 즐거움에 빠지면 다양한 것을 간접적으로 경험할 수 있게 된다. 또한 동화책에서 벌어지는 다양한 상황에서 자신이 그 안의 주인공이 되어 보면 감정이 풍부해지고, 공감능력도 탁월해질 수 있다. 어떻게 책을 좋아하는 아이로 키울 수 있을까? 어떻게 독서습관을 만들어 줄 수 있을까?

책 읽는 것이 습관이 되기 위해서는 어릴수록 좋다

어렸을 때는 학습보다는 아이가 재미있어 하는 책을 고르는 것이 좋다. 서점에 가면 3~4살부터는 아이에게도 한 권 고르라 하고, 엄마가 아이에게 읽어주고 싶은 책 한 권 골라오자.

물론 도서관에 가서 책을 빌려오는 것도 좋다. 그런데 아이들은 같은 책을 여러 번 읽기 때문에 집에 책이 많을수록 선택할 폭도 넓다. 대부분 전집을 많이 구입하지만, 단권을 아이와 함께 구입하면 스스로 골랐다는 기쁨으로 책에 관심을 갖게 할 수 있다.

아이가 커서 하려고 하면 책 읽는 것보다 더 재미있는 일들을 알고 있기에 혼자 앉아서 책 읽는 것을 지루하게 느낄 수 있다. 아주 어려서 엄마가 읽어주어 책 읽는 것이 재미있다는 생각을 갖게 되면 스스로도 책을 읽고 싶어 한다. 집에 있는 책을 읽을 때도 아이가 읽고 싶은 책을 몇 권을 고르게 하고, 엄마가 읽어주고 싶은 책 몇 권을 골라 함께 읽어준다.

🖋 조금이라도 매일 읽는 것이 포인트

조금이라고 매일 읽는 것이 중요하다. 나는 낮에도 읽어주지만 대부분은 잠들기 전에 읽어 주었다. 책을 더 읽어달라고 조르는 아이에게는 이야기가 재미있어서 더 읽고 싶은 마음도 있을 것이고, 또 한편으로는 엄마의 목소리를 더 들으면서 교감하고 싶은 마음도 있을 것이다. 피곤하더라고 더 읽어달라고 할 때는 많이 읽어주는 것이 좋다.

때로는 아이에게 책을 읽어달라고 부탁을 해보자. 글을 읽지 못하더라도 그림을 보고 이야기를 만든다. 글씨를 몰라도 아이는 그림책을 읽으면서 더 많은 상상을 하고 즐거움을 느낄 것이다.

엄마가 책을 읽어줄 때는 연극하듯이 실감나게 읽어주기도 하고, 중간중간에 아이가 그림을 충분히 보면서 상상할 수 있도록 쉼을 갖는 것도 좋다. 아이가 빨리 그 다음을 읽어달라고 조르지 않으면 책 제목만 읽어주고 약간의 시간을 갖는다. 페이지를 넘길 때도 빨리 넘기지 않고 아이가 책장을 넘기도록 한다.

읽고 나서는 유치원 아이들에게 단순히 내용을 확인하는 일은 안 하는 것이 좋다. 만약 초등학생이라면 상황에 따라 다양한 토론을 할 수도 있다. 하지만 단순히 내용을 제대로 이해했는지 안 했는지를 엄마가 확인하려고 하면 아이는 이 또한 학습처럼 느낄 수 있다.

✑ 아이가 관심이 있는 것을 위주로

아이가 공룡에 관심을 보인다면 공룡에 관한 책을 충분히 읽어주면서 다른 책을 읽어준다. 3~4세에는 눈에 보이는 실물에 대한 인지가 되는 시기이다. 이때는 동물 책, 과일 책 등 일상에서 볼 수 있는 것들을 소재로 한 책을 읽어주면 아이가 더 실감나게 받아들인다. 5~6세가 되면 상상의 세계로 빠져들고 혼자 스토리를 만들기도 한다.

영·유아 때부터 책을 많이 읽고 좋아하게 되면 사회, 과학, 수학 등 책으로 먼저 많이 접하게 되므로 초등학교 입학 후 교과 과목에 대한 이해력이 훨씬 좋다. 배경지식이 많아 새로운 영역을 배운다 하더라고 기존에 자신이 책에서 읽은 내용과 관련된 연결고리를 찾아내기 때문이다.

한 분야에 푹 빠져서 읽다 보면 그와 관련된 다른 영역에도 관심이 생기게 된다. 잘 관찰해서 요즘 어디에 관심이 있는지를 찾아보고, 그 분야의 책을 접하게 해주면 아이는 책 읽는 것을 자연스럽게 좋아하게 될 것이다.

"학습만화를 보여줘도 되나요?"라는 질문을 많이 하신다. 학습만화를 통해서 그 분야에 흥미를 가질 수도 있고, 그림을 통해서 책 내용의 분위기를 파악하고 마치 숲을 보듯이 이해하기도 한다. 또 그림을 보면서 다른 상상을 할 수도 있다. 글로 된 책은 전혀 보지 않고, 학습만화만 읽는 것은 문제가 되겠지만 2가지를 모두 병행하여 읽는 것은 나쁘지 않다. 글로 된 책을 볼 때는 좌뇌에 도움을 주고, 학습만화를 볼 때는 우뇌에 도움을 준다.

또한 속독을 하는 아이는 전체적인 내용을 잘 이해하고, 정독을 하는 아이는 등장인물의 이름이나 구체적인 사건은 기억을 잘하지만, 주제나 메시지를 놓치는 경우가 있다. 너무 늦게 읽는다고 염려할 필요도 없고, 너무 빨리 읽는다고 걱정할 필요도 없다. 정독과 속독의 장점과 단점이 있기 때문에 책에 따라 읽고 싶은 대로 읽으라고 해도 괜찮다.

엄마가 동화책을 계속 읽어 주다 보면 어느새 아이가 스스로 한글을 깨치기도 한다. 아이가 스스로 읽을 수 있게 되더라도 베드타임 리딩은 정서적인 이유로 계속 해주는 것이 좋다.

무엇보다 아이들은 어른들을 보고 따라 하기를 좋아한다. 엄마 또한 아이 앞에서 책 읽는 모습을 많이 보여주자. 낮에 엄마가 책 읽은 모습을 보는 아이는 따라 하게 된다. 엄마가 책을 읽고 있으면 아이도 책을 가져와서 읽어달라고 할 것이다. 나 또한 아이가 어릴 때는 육아에 관한 책을 많이 읽었고 도움도 많이 되었다.

독서지도 Tip

1. 3세 이상의 아이에게는 스스로 책을 고르게 하자.

2. 아이가 관심 있어 하는 분야의 책을 읽어준다.

3. 아이가 스스로 글씨를 읽어도 베드타임 리딩은 지속해준다.

4. 아이가 책을 편하게 읽을 수 있도록 환경(어린이 소파, 높낮이 조절이 되는 책받침대)을 구성해 준다.

5. 엄마가 아이 앞에서 책 읽는 모습을 많이 보여준다.

3교시

멘붕이에요!
영어

01

엄마는
영어를 못해요

"엄마가 영어를 못하는데 아이를 어떻게 도와주어야 할까요?"

엄마가 영어를 잘하면 조금은 도움 되는 것이 사실이다. 하지만 엄마가 영어를 못한다고 해서 아이의 영어공부를 도울 수 없는 것은 아니다. 영·유아의 영어는 영어환경에 노출되는 것이 가장 중요하다.

한국인 엄마가 아무리 영어를 잘한다고 하더라도 아이와 영어로 말하는 것은 어색하다. '엄마표 영어'를 한다고 하면 마치 엄마가 미국에서 학위를 받거나 살다 온 것으로 오해하는 경우도 있는데 전혀 그렇지 않다. 엄마가 영어를 못하는 것이 당연한 상황에서 '아이에게 어떻게 얼마큼 영어환경에 노출하느냐'에 따라 아이의 영어 실력이 달라진다.

요즘에는 책, CD, DVD가 함께 있는 것이 매우 많다. 이런 것들을 얼마나 꾸준히 재미있게 접할 수 있는 환경으로 만들어 주는가가 중요하다. 아주 어려서 영어를 들려주면 아이는 자연스럽게 또 하나의 소리로 받아들인다. 그것이 반복되면 '이런 상황에서는 이렇게 말하는구나'라고 습득하게 된다. 하지만 아이가 좀 커서 한국말을 듣고, 말하고, 읽고, 쓰기까지 모두 편해진 뒤에 영어를 접하면 새롭게 배워야 하는 학습으로 받아들인다.

사실 우리 각 가정에는 외국인이 상주하고 있는 것이나 다를 바가 없다. 내가 원할 때 아무 때나 버튼만 누르면 외국인이 아주 재미있게 연극하듯이 영어 동화책을 읽어준다. 이렇게 좋은 환경에서 매일 정해진 시간에 규칙적으로 꾸준히 노출 환경을 만들어 주는 것이 바로 엄마의 역할이다.

아이가 엄마에게 책을 읽어달라고 하는 경우도 있다. 이때에는 아이와 함께 동화책을 보고 CD를 들으면서 바로 엄마가 따라 읽어주면 된다. 이러한 리딩을 연따(연이어 따라 읽는 것. CD는 계속 돌아가고, 다음 문장으로 넘어가기 전에 소리를 들으면서 거의 동시에 따라 읽는다.)라고 한다. 아이는 엄마의 목소리도 듣지만 원음도 듣게 된다. 만약 아이가 CD 없이 엄마의 목소리로만 듣기를 원하면 잘 못해도 읽어줄 수 있는 선에서 읽어주면 된다. 엄마가 100% 영어를 가르치려고 하면 어렵지만, CD와 DVD를 이용하고 엄마는 옆에서 도와준다는 생각으로 하면 엄마의 영어 실력은 상관이 없다.

✍ 아이의 영어에 대한 엄마의 간절함이 중요하다

엄마의 영어 실력보다 더 중요한 것은 아이의 영어교육에 대한 엄마의 간절함이다. 나의 경우도 그렇다. 대학을 졸업하자마자 취업한 곳이 해외로 짐을 옮기거나 이사하는 것을 도와주는 해외 운송회사였다. 나는 한국에 와서 거주하다가 본국으로 돌아가는 사람들의 짐을 보내주는 아웃바운드에서 일을 하였다. 미국으로 돌아가는 외국인, 프랑스로 돌아가는 외국인, 싱가포르로 돌아가는 외국인 등 세계 여러나라의 외국인과 전화통화를 하고, 그들의 요구사항대로 짐이 안전하게 본국으로 도착하게 하는 일을 도와주었다. 이런 일을 하다 보니, 영어로 세계 어느 나라 사람과도 의사소통이 된다는 것이 신기하기도 하고 재미있기도 하고 보람도 있었다.

두 번째로 옮긴 회사는 프랑스 화학회사였는데, 이곳에서도 모든 공문과 이메일이 모두 영어로 작성되었다. 본사는 프랑스였지만 세계 각국에 지사가 있었기 때문에 대만, 중국, 싱가포르 등 각지사 사람들과 오가는 서류뿐만 아니라 만나서 회의를 할 때도 영어를 사용하는 것은 당연한 일이었다. 그 당시 영어로 일을 하면서 영어를 할 수 있다는 것은 나의 삶의 영역을 넓혀주는 것이라 느꼈다.

지금부터 약 25년 전에는 영어를 하는 사람에게는 혜택도 많았고, 아무래도 선택의 폭이 더 넓었던 것이 사실이다. 그래서 나는 내가 결혼하여 아이를 낳으면 영어를 꼭 잘하게 해주고 싶었다. 왜냐하면 영어를 잘할 때의 장점을 잘 알기에 막연히 우리 아이도 영어를 잘하면 이러한 장점들을 누리겠구나 생각했던 것이다.

그래서 나는 아이가 태어났을 때부터 한글과 영어를 같이 들려주었다. 한글 동요를 들려주기도 하고, 유치원 영어 노래를 들려주기도 하였다. 아이가 자기 전에도 한글 동화책과 영어 동화책을 각각 읽어주었다. 영어책은 CD를 틀어놓고 나도 함께 읽어 주었다. 엄마들이 발음 때문에 읽어주기를 많이 꺼려하는데, 아이는 엄마 목소리를 훨씬 좋아하기 때문에 같이 읽어주는 것이 좋다. 영어를 꾸준히만 한다면 아이는 영상이나 CD로 원음을 들을 기회가 많기 때문에 발음에 대한 고민은 하지 않아도 된다. 나중에는 아이가 엄마보다 발음이 훨씬 좋아지는 경우가 많다.

나는 영상을 보여줄 때 영어로 된 디즈니 애니메이션과 더빙된 것을 번갈아서 보여주었다.(아이가 한글로 보고 싶다고 하면 처음만 한글 자막이나 우리말 더빙으로 보여주고 다음부터는 원음으로 보게 한다.) 이렇게 들려주고 보여주다 보면 점차 아이가 더 좋아하는 것들이 생긴다. 아이가 재미있어하는 것을 중심으로 들려주고 보여주면서 또래 아이들이 좋아할 만한 다른 책과 영상을 조금씩 추가해서 시도해본다. 어떤 것은 아이가 자연스럽게 반복해서 받아들이기도 하고, 또 어떤 것은 싫어한다. 아이가 싫어한다면 굳이 강요할 필요는 없다. 또 다른 재미있는 것을 찾아보고 제시해준다.

유아 영어에서 엄마의 실력은 중요하지 않지만, 엄마의 역할은 정말 많은 부분을 차지한다. 이렇게 노력해서 우리 아이가 영어에서 자유로워진다면 나는 보람 있는 일이라고 생각한다. 사실 수학이나, 과학, 역사 등 다른 과목들은 본인의 재능과 관심이 있어야 특별하게 잘할 수 있다. 아무리 엄마가 어려서 공을 들인다고 해도 재능과 열정이 없으면 아주 잘하기가 쉽지 않다. 하지만 영어는 아이가 어릴 때 엄마가 노력하면 자연스럽게 잘할 수 있다. 초등학교 고학년이 되면 아이가 엄마에게 고마워한다. 이렇게 영어로 자유자재로 대화하고, 자신이 생각하는 것을 영어로 쓸 수 있다는 것에 대해서 말이다.

4살 된 딸을 키우는 엄마를 만난 적이 있다. 그분은 다시 영어 공부를 시작하고 싶은 마음이 들어서 핸드폰에 앱을 깔고 시간 날 때마다 영어회화를 배우고 있다고 했다. 어느 날 딸이 "엄마 뭐해?" 하면서 자신도 배우고 싶다고 했다. 그래서 핸드폰에 아이가 할 수 있는 앱도 추가로 설치하고, 놀이처럼 영어를 배우게 했다. 엄마가 먼저 관심을 갖고 자연스럽게 아이도 흥미를 갖게 된 경우이다.

시간을 정해 영어 영상물을 함께 보고, 수준에 맞는 영어 동화책 읽기를 시도한다면 분명히 자연스럽게 영어를 익히게 될 것이다. 어려서는 자연스럽고 재미있게 접근하는 것이 제일 중요하다. 아이가 학습으로 느끼는 순간 거부반응을 나타낼 수 있다. 엄마가 고민할 것은 어떻게 자연스럽게 영어에 노출시켜서 영어에 대한 관심을 갖게 하는가이다. 집집마다 생각과 성향, 관심거리와 환경이 모두 다르기 때문에 "이렇게 하세요"라고 말하기는 참 어렵다. 다만 엄마가 관심이 있고, 경험해본 분들은 그 접근방법이 훨씬 다양하고 확신이 있기에 꾸준히 할 수 있다.

강의 중에 한 분이 이런 이야기를 공유해주셨다. 이분도 학교 때 배운 영어 말고는 실생활에서 말하기, 듣기가 전혀 안 되는 분이었다. 우연히 미드(미국 드라마)를 보게 되었다. 처음에는 거의 들리지 않았지만 내용이 재미있어서 반복해서 보았다. 그런데 어느 날 신기하게 띄엄띄엄 단어가 들리면서 나중에는 표현이 들리고 문장이 들리기 시작했다. 이렇게 자신이 체험한 뒤, '영어공부는 역시 반복해서 듣기가 정답이구나'라는 깨달음이 왔다고 한다.

그래서 첫째 딸에게 이런 방법으로 영어공부를 하라고 말했더니 현재 중학생인데 유학을 가지 않고도 유학을 다녀온 아이만큼 영어를 잘한다고 한다. 강의 중에 자신의 실제 사례를 말씀해 주시니 진심으로 고마웠다. 직접 경험한 일은 전혀 의심할 여지가 없다. 이론으로만 들었을 때 "그것이 진짜 사실일까?", "이론대로 하면 정말 그런 결과가 나올까?" 자꾸 생각하게 된다.

물론 모든 아이들이 이렇게 되지 않을 수도 있다. 이분도 같은 방법으로 둘째 아들에게 시도하였는데 생각만큼 잘 되지 않았다는 이야기도 덧붙여 주셨다. 그래서 잠시 기다렸다가 다시 둘째 아이에게 맞추어서 시도해 볼 것이라고 하였다. 참으로 멋진 분이셨다. 무조건 강요도 아니었고, 무조건 안 된다고 그만두는 것도 아니었다. 자신이 경험한 것을 토대로 확신을 가지고 실행하되, 항상 기준은 아이였던 것이다.

02

영어는
언제 시작하는 것이 좋을까요?

아이가 영어를 시작하는 시기는 빠르면 빠를수록 좋다. 12개월 이전의 영아는 아주 민감한 소리도 모두 구별하는 능력이 있다. 그런데 점차 성장하면서 많이 들어서 편안하고 익숙한 소리에는 민감하고, 낯선 소리에는 반응이 점점 느려진다. 그래서 클수록 새로운 언어를 받아들이는데 시간이 더 많이 걸리게 되는 것이다. 태어나면서부터 자연스럽게 한국어와 영어를 동시에 접하면 한국말을 하는 것이 다소 지연될지는 모르지만, 영어에 대한 거부감은 생기지 않는다. 왜냐하면 영아에게는 한국어든 영어든 단지 소리에 불과하기 때문에 한국어를 더 선호하고 영어를 거부하지 않는다. 그래서 유아기에는 한국어와 영어를 동시에 들려줘도 뇌는 2가지 모두를 기억한다.

"영·유아 시기에 영어환경에 노출시킬 때는 엄마가 함께 있는 것이 매우 중요해요. 단지 기계음만 들려주는 것은 영향이 크지 않아요."

내가 강의 중에 이렇게 말씀드렸더니 한 엄마가 이렇게 질문하셨다.

"7세 남자아이를 둔 엄마입니다. 저희 집은 아이가 영어 동화책을 CD를 들으면서 따라 읽기를 매일 진행하고 있습니다. 제가 옆에서 보고 있으면 열심히 하지 않는 것 같아 보여 아이와 자주 갈등이 생깁니다. 그래도 이것을 계속 해야 할까요?"

갈등이 심해지면 엄마가 옆에 있는 것이 좋은 것은 아니다. 우리가 잊지 말아야 할 것은 '공부보다 관계가 우선'이라는 점이다. 이러한 경우 아이에게 물어보자.

엄마가 옆에 있어서 싫은 경우
→ 만약 아이가 혼자 하겠다고 하면 그렇게 하라고 믿고 맡기는 수밖에 없다.

영어책 CD 를 듣고 읽는 것 자체가 싫은 경우
→ 영어환경을 만들어주고 놀이로 접근하여 재미있게 익힐 수 있도록 유도
→ 영어가 아닌 다른 것에 관심을 두는 것이 무엇인지 찾아보기

좋은 환경을 만들어주어도 아이가 영어를 싫어한다면, 무엇에

관심이 있는지 찾아보는 것도 하나의 방법이다. 꼭 영어를 모든 아이가 다 잘할 필요도 없고, 다 잘할 수도 없다. 싫어하는 아이에게 계속 하라고 강조해도 흥미를 느낄 수가 없다.

하지만 어려서부터 영어환경을 만들어주고 놀이로 접근하여 재미있게 익힐 수 있다면 좋다. 엄마가 할 일은 '영어에 자주 노출될 수 있는 환경을 만들어주고, 놀이와 게임을 통해 아이의 관심을 끌어내는 것'이다.

🖋 영어를 우선순위로 두기

언어학자들이 연구한 조사에 따르면 태어나서부터 8세까지 뇌가 언어에 매우 민감하게 반응한다고 한다. 환경을 만들어 주었는데도 아이가 관심을 보이지 않으면 초등학교 1학년 이후에 아이가 더 좋아하는 것을 시키자. 하지만 이런 과정 없이 초등 3~4학년에 영어공부를 시작하려고 하면 더 힘들어하는 경우가 많다. 이 나이에는 쉬운 영어동화책 내용이 유치하게 느껴져 스토리에서 재미를 찾기가 어렵기 때문이다.

그렇기 때문에 유아 영어의 90%는 엄마의 노력에 달려 있다고 말하는 것이다. 우리 아이가 영어를 자유자재로 듣고, 말하고, 읽고, 쓰고를 잘했으면 하는 마음이 간절할 때 이 일은 가능한 것이다. 엄마의 일상에서 아이의 영어가 우선순위에 있어야 엄마가 행동으로 움직이게 된다. 막연히 '우리 아이가 영어를 잘했으면' 또는 '적당히 노출시키다가 초등학교 고학년이 되어 열심히 하면 잘할 수 있겠지'라고 생각하면 절대로 영어환경을 만들어 줄 수가 없다. 아이가 초등 고학년이 되어서 스스로 "나 이제 영어공부 좀 열심히 해서 잘하고 싶어요" 하는 경우는 10년을 넘게 아이들과 생활하면서 한 번도 본 적이 없다.

'영어를 잘하고 싶어요'라는 주제로 워킹맘을 코칭한 적이 있었다. 현재 직장에서도 영어를 사용하고 있었고, 나아가 해외에서 새롭게 일할 기회를 찾고 싶어했다. 그래서 영어를 잘해야 하는데 생각만큼 영어 실력이 향상되지 않는다고 하였다. 낮에는 일하고, 밤에는 살림과 육아를 해야 하는 매우 힘들고 바쁜 상황이었다.

나와 2시간 정도 대화를 하고 난 후 이분은 겉으로 '영어 실력을 향상시키고 싶다'라고 했지만, 인생의 우선순위에서 영어는 10위 중 8위에 해당한다는 것을 알게 되었다. 코칭을 받고 난 이후에 영어에 대해 크게 스트레스를 받지 않고, 앞으로 여유가 생길 때 다시 영어공부에 대한 계획을 세워야겠다고 스스로 결정하였다. 현재 자신의 삶에서 영어보다 더 중요한 것이 무엇인지 생각해보게 되었고, 굳이 영어로 인해 스트레스를 가중받을 필요가 없다 판단되었기 때문이다. 이렇듯 우리의 내면과 외면이 다른 경우는 생각보다 많다.

아이가 한글을 어떻게 익혔는지 생각해보자. 영어도 같은 과정을 밟으면 된다. 태어나서 12개월까지는 듣기만 하다가 한 단어씩 말을 하고, 24개월 전후로는 몇 개의 단어로 의사표현을 한다. 36개월 전후에는 어법은 안 맞지만 문장으로 말하기 시작하고, 48개월 전후에는 완벽하게 대화를 할 수 있다.

첫 1년 동안 한국어 소리에 노출되듯이 영어 소리에 노출을 시키고, 한글책을 읽어줄 때 영어책도 CD를 틀어놓고 엄마가 읽어주자. 또 플래시카드로 단어놀이도 하고, 끝말잇기도 하고, 동요도 같이 부르자. 한국어(한글) 익히는 과정을 영어로 대체시키면 한국어는 한국어대로 영어는 영어대로 인지한다.

노래를 좋아하는지, 기차를 좋아하는지, 동물 캐릭터를 좋아하는지, 특정 애니메이션에 반응을 보이는지 관찰하면서 아이가 더 재미있어하는 것을 중심으로 영어환경을 조금씩 확장해가자. 엄마의 계획보다는 아이의 수준과 기준에 맞추어 한 단계 한 단계 나아가야 끝까지 영어를 좋아하게 된다. 영어를 시작하기에 가장 적절한 시기는 빠르면 빠를수록 좋고, 만약 아직 시작을 하지 않았다면 지금 이 책을 읽고 있는 오늘이 시작하기 가장 좋은 시점이다.

03

영어 영상물을
보여줘도 괜찮을까요?

아이가 영어를 익히는데 영상물은 없어서는 안 될 소재이다. 그런데 엄마들이 영상 노출을 일찍 하는 것에 대해서 걱정을 많이 한다. 물론 어려서부터 영상을 과다하게 노출하는 것은 좋지 않다. 특히 아이 혼자 영상물을 보면 나쁜 영향을 줄 수 있다. 그러나 〈뽀로로〉, 〈티모시 유치원〉, 〈까이유〉 등과 같이 영·유아들을 위해서 만들어진 프로그램은 아이들이 주인공이고, 다양한 스토리가 이어지면서 마치 그 안의 주인공처럼 공감하며 상상하며 볼 수 있도록 구성되어 있다. 영어 영상을 잘 활용하면 영어공부에 많은 도움이 된다.

처음부터 특정한 프로그램을 영어로 보여주면 아이는 이 영상은 당연히 영어로만 보는 것이라고 착각한다. 만약 6~7세에 영어 영상을 처음 접하면 한국어로 보기를 원할 것이다. 이미 한국어가 자유로운 상황인데 모르는 새로운 언어로 보는 것이 답답할 뿐이다.

부모의 교육관이 '영어 소리 노출이 더 중요한 것'인지 아니면 '영상은 절대로 보여주면 안 되는 것'인지 먼저 결정해야 한다. 우리 집 같은 경우는 어려서부터 영어 영상을 하루에 15~20분 정도 보여주었다. 전개가 빠르거나 폭력적인 것은 배제하고, 느리고 정서에 도움이 되는 영상 위주로 나와 함께 보았다. 동영상을 영어로 보여주고 들려주는 것은 소리 인식에서 꼭 필요한 과정이다.

물론 중학교에 가서 처음 알파벳을 배우고도 영어를 잘하는 사람도 많다. 하지만 이렇게 영어를 잘하는 사람들은 성인이 되어 스스로 많은 노력과 시간을 들여서 공부한 경우이고 발음에도 한계가 있다. 우리 부모님 세대는 영어를 어떻게 시켜야 하는지도 모르셨고, 먹고사는 것이 더 급한 문제였기에 영어공부에는 관심도 없으셨다.

하지만 요즘에는 인터넷 덕분에 영어자료를 쉽게 구할 수 있다. 우리 아이가 자랄 때만 해도 비디오테이프를 구입해야 했다. 요즘도 CD를 구입해 보는 집도 있지만, 유튜브나 유료 케이블 TV에서 볼 수 있는 것도 많다. 한국에 살면서 영어권 아이들이 보는 프로그램을 같이 볼 수 있는 시대에 살고 있는 것이다.

아이가 영상물을 볼 때는 엄마가 함께 보는 것이 좋다. 노래를 하면 엄마도 노래를 따라 하고, 춤을 추면 엄마도 함께 춤을 추며

놀이시간으로 만들면 아이의 흥미를 유발할 수 있다. 한걸음 나가 영상에 나오는 캐릭터를 프린트로 출력해서 나무막대에 붙여 연극놀이를 해보면 아이는 더욱 재미있게 즐길 수 있다.

어려서부터 영어 영상에 나오는 상황을 보고 소리에 노출이 되면 이런 상황에서는 이렇게 인사하고, 이런 상황에서는 이렇게 사과한다는 것을 자연스럽게 익히게 된다. 아이의 머릿속에 영어는 영어대로 습득이 되고, 한국어는 한국어대로 일상에서 습득이 된다.

예를 들어 '타다'라는 단어는 '자동차를 타다, 산을 타다. 암벽을 타다, 커피를 타다, 주스를 타다, 추위를 타다, 부끄러움을 타다, 상을 타다, 거인의 어깨를 타다, 목이 타다' 등 여러 가지 의미로 쓰인다. 우리는 한국어를 습득했기 때문에 어떠한 문장에서 '타다'를 만나도 자연스럽게 의미를 파악하고 다음 문장으로 넘어간다.

영어도 마찬가지다. 한 단어가 문장에 따라 아주 다양한 의미로 해석된다. 과거에는 단어 하나에 뜻 하나를 외웠기 때문에 고학년이 될수록 리딩이 어렵게 느껴졌던 것이다. 내가 아는 단어의 뜻으로 그 문장을 해석하면 자연스럽지 않은 경우가 많다. 이런 학습의 한계를 벗어나게 해주는 것이 바로 어려서부터의 '영어 영상물을 보여주고 영어 동화책을 읽어주는 것'이다. 그러면 학습 환경이 아니라 습득 환경으로 만들어줄 수 있다.

✍️ 영상물을 한글로만 보겠다는 아이는 어떻게 해야 할까?

영상이 아이에게 좋지 않은 것 같아 어려서 안 보여주다가, 어린이집이나 친구 집에서 나중에 영상을 하면 그것에 빠지기가 더 쉽다. 나는 이러한 상황을 사탕을 못 먹게 하는 것과 비슷하다고 생각한다. 내가 아이를 키울 때 아이에게 사탕을 전혀 못 먹게 하는 집이 있었다. 그러면 이 아이는 사탕이 많이 있는 곳에 가면 엄마의 눈을 피해 두 손 가득 사탕을 주머니에 넣었다. 반면에 어떤 집은 사탕통이 항상 부엌 서랍에 있었다. 그 아이는 다른 곳에서 사탕을 보아도 언제든지 먹을 수 있다고 생각했기 때문에 한 개도 먹지 않았다.

영상을 너무 일찍 보여주는 것을 반대하는 부모님들은 아이가 산만해지고 책보다 영상을 더 좋아하게 될까 염려하는 것이다. 엄마가 바쁘다는 핑계로 아이를 방치하면서 영상물에 노출시키면 그럴 수도 있겠지만, 엄마의 계획 아래 영상과 영어책을 함께 접하면 자연스럽게 영어를 습득하는데 이로운 점이 더 많다.

그리고 요즘은 크면서 영상을 피할 수 없는 시대이다. 조금씩 집에서 좋은 내용으로 접하게 하는 것은 나쁘지 않다. 특히나 동화책 중에 CD, DVD가 함께 들어 있는 것이 많은데, 낮에는 영상을 보여주고, 자기 전에는 그 동화책을 읽어주면 아이가 들으면서 상상할 수 있으니 더 효과적이다.

5~6세가 되면 디즈니 영화처럼 스토리가 있는 영상은 더빙된

것으로 보겠다고 하는 경우가 있는데, 처음에는 한국어로 내용을 이해하고 두 번째부터는 영어로만 보자고 아이와 미리 약속을 하자. 더 어릴 때는 이런 주장을 하지도 않는다. 그런데 아이가 크면 이렇게 내용을 전혀 모르고 보려면 재미가 없으니, 일단 내용은 알게 하고 그 이후부터 소리에 집중하면서 들으면 좋다.

어느 시골에 사는 아이가 우연히 유튜브에서 디즈니 영화를 발견하고 100번을 보았다고 한다. 내용이 재미있기도 하고 영어가 조금씩 들리는 것이 신기하기도 하여 10편의 디즈니 영화를 각각 100번씩 보면서 영어가 완전히 자유로워졌다는 이야기를 들은 적이 있다. 아이가 재미있어 하는 것은 무한 반복해서 보는 과정이 꼭 필요하다. 여러 가지 동영상 중에서 아이에게 보고 싶은 것을 선택하게 하고, 무엇을 좋아하는지 살펴보자. 같은 것을 반복해서 보는 것과 새로운 것을 보는 것이 모두 진행되면 좋다. 어른들은 같은 것을 계속해서 보는 것이 쉽지가 않지만, 아이들은 흥미 있어 하는 것은 보고 또 봐도 재미있어 한다.

초등학교 입학 전까지는 재미있게 놀이로 접근하게 해야 한다. 집에서 단어 스펠링을 억지로 외우게 하거나, 단어 시험을 보면 영어가 재미없어진다. 아이가 처음 "엄마"라고 말하면 신이 나서 더 이야기를 많이 해주고 말을 가르쳐주고 싶다. 영어도 마찬가지다. 아이가 우연히 영어 한 단어를 말하면 엄마는 신이 나서 더 영어환경에 노출시켜주고 싶어진다. 그런데 아이가 영어로 말하기까지 2000번 이상을 들어야 그 단어를 말할 수 있다.

아이와 함께 영어 영상을 보고 신나게 놀아주면 엄마의 영어실력도 덩달아 향상된다. 실제로 어떤 엄마가 그렇게 이야기를 하셨다.

"매일 아이와 영어 DVD를 보고, 영어책 CD를 들으며 읽어주었더니, 제 영어 실력이 학교 다닐 때보다도 더 좋아졌어요."

어찌 보면 당연한 것이다. 하루에 30~40분 정도 매일 영어를 듣고, 읽다 보면 자연스럽게 영어와 친숙해질 수밖에 없다. 우리 아이가 영어를 잘하기를 바란다면 체계적으로 계획적인 영상물을 보여주는 것이 도움이 된다.

04

〈겨울왕국〉을
1000번 봤어요

지나치지 않는 범위에서 규칙적으로 꾸준히 영어영상 노출을 하는 것이 좋다고 앞서 이야기했다. 그랬더니 한 분이 이런 이야기를 들려주셨다.

"딸아이가 4살인데 영어로 된 〈겨울왕국〉을 애기 때부터 보여주었어요. 별 거부반응 없이 보더니 점차 집중을 하더라고요. 어느날 아이가 슬픈 장면에 눈물을 흘리며 보고 있어서 깜짝 놀랐죠. 설마 내용을 다 이해하면서 보고 있는 건가 의심도 들고, 계속 보여줘야 하는지 고민도 됐지만, 계속 보여주었어요. 가끔 간단한 대화는 스스로 따라 하기도 하더라고요."

발음은 어설프지만, 아이는 신나게 영어를 모방하고 있는 것이다. 나는 영어코칭에 관한 강의를 할 때 엄마들에게 영어로 된 3분

짜리 영어 영상을 보여 드린다. 굳이 들으려고 애쓰지 말고 그냥 화면 보는 것에 집중해 달라고 말씀드린다. 영상은 서정적이고 감성적이다. 영상을 모두 본 이후에 대략 어떤 내용이었는지 여쭈어 보면 전체적인 메시지는 대부분 말씀하신다. 이러한 체험을 해보는 이유는 어른도 이렇게 영상을 보면서 내용을 이해하니, 아이들이 알까 모를까를 걱정하지 말자는 취지에서다. 아이들은 우리 예상보다 훨씬 더 상상력이 뛰어나기 때문에 스토리를 잘 이해할 수 있다.

아이가 영상을 계속 본다는 것은 재미있기 때문이다. 아이는 재미없으면 절대 보지 않는다. 그렇기 때문에 아이가 알아듣지도 못하는 영상을 계속 보는 것이 도움이 될까를 고민하지 말자. 영어환경에 노출되는 것은 매우 중요하다.

또 다른 6살 아이도 〈겨울왕국〉을 너무 좋아해서 아마 1000번도 넘게 본 것 같다고 엄마가 말씀하셨다. 초등학교 2학년 오빠는 주 3회 영어학원을 다니는데, 우연히 동생과 함께 영어 동화책 CD를 듣다가 동생이 더 잘 이해하고 따라 한다는 것을 알게 되었다고 한다. 물론 아이에 따라 언어에 재능이 있고 없고의 차이는 있을 수 있지만, 전반적으로 영어환경에 많이 노출되는 것은 결국 영어를 익히는데 분명 큰 도움이 되는 것이다.

외국어를 배울 때 특정 단어를 자연스럽게 대화 중에 사용하거나, 글로 쓸 수 있으면 단어 숙지가 되었다고 본다. 우리 아이가 7살 때 캐나다에서 1년 동안 학교를 다녔었다. 그곳은 1학년부터 12학년까지 모두 아침 8시 45분경에 등교하고, 2시 45분경에 하교를 한다. 초등학생들은 스쿨버스를 타고 귀가하거나, 엄마가 픽업을 하러 간다.

아침에 일어나 등교 전까지 엄마와 한국말을 하고, 오후에도 엄마를 만나는 순간부터 다시 한국말을 했다. 결국 학교에서 생활하는 6시간 동안 영어환경에 노출되어 있었던 셈이다. 물론 방과 후에 집에 와서 영어로 TV를 보기도 하고, 가끔 친구들과 놀기도 했지만 주로 가족과 있으면서 한국말을 사용했다.

그렇다면 미국이나 캐나다, 영국, 호주 같은 영어권 나라에 가지 않고 영어를 잘할 수 있도록 도와주는 것은 무엇일까? 결국 '영어영상과 영어 동화책'인 것이다.

예전에 내가 아이들에게 영어를 가르칠 때 영어책을 소리 내어 읽고 녹음해 오라는 숙제를 내준 적이 있다. 당시 초등학교 2학년 여자아이가 집에서 CD로 동화책을 여러 번 소리 내어 따라 읽은 후에 혼자 읽고 녹음한 것을 제출했다. 이 녹음한 것을 듣고 있노라면 마치 외국 아이가 책을 읽는 것 같은 착각이 들었다. 다른 학부모님도 아이가 녹음한 것을 들으면서 "외국에서 살다 온 아이인가요?"라고 묻기도 하셨다.

결국 이 2가지에 꾸준히 노출시키는 것이 유학을 가지 않고 영어를 잘하는 방법이다. 사실 이 방법을 이미 알지라도 엄마들이 꾸준히 못해 주어서 중단되는 경우가 대부분이다. 어떻게 하면 우리 집에서 꾸준히 영어환경을 만들어 줄 수 있을지 고민해보자.

🖋 꾸준히 영어환경에 노출시키기

어떤 집은 엄마가 부엌 서랍 중 하나를 영어 CD서랍으로 정해 그곳에 모든 영어 CD를 보관한다. 그래서 부엌에 가자마자 영어 CD를 트는 것으로 아침을 시작한다. 물론 하루에 짧은 시간이라도 집중듣기를 해야 하지만, 이렇게 흘려듣기를 매일 1시간 이상 하는 것도 장기적으로는 효과가 있다.

중요한 것은 '어떻게 매일 영어환경에 노출할 수 있도록 만들 것인가'이다. 매일 아침 아이가 일어나서 등원 준비를 하는 동안 영어 흘려듣기를 하는 것이다. 엄마가 할 일은 매일 아침 영어 CD를 틀어주는 것뿐이다.

아침에 일어나자마자, 유치원/학교에 가기 전과 후, 간식을 먹기 전과 후, 저녁식사를 하기 전과 후, 잠자기 전 1시간 등 각 가정에서 가장 잘 지킬 수 있는 시간을 정하고, 기록하거나 스티커를 붙이는 방법으로 꾸준히 실천할 수 있는 방법을 모색해야 한다.

대학생이 된 한 청년이 이런 이야기를 했다.

"어렸을 때 매일 집에서 엄마가 영어 CD를 틀어 주셨어요. 그 당시에는 싫어서 엄마에게 틀지 말아달라고 부탁을 했는데, 엄마가 들으려고 한다면서 계속 트셨죠. 대학생이 되어 토익시험을 보는데 듣기 점수가 리딩 점수보다 잘 나왔어요. 아무래도 어렸을 때 매일 엄마가 틀어주셨던 영어 CD 덕분인 것 같아요."

　4살 유치원생 아이가 〈겨울왕국〉을 보면서 우는 것도, 6살 동생이 초등학교 2학년 오빠보다 영어책 CD 듣기를 더 잘하는 것도 어찌 보면 당연한 결과이다. 유아기 때의 영어는 학습이 아니라 언어활동이다. 우리가 태어나서 한국어를 학습으로 배우지 않고 습득하듯이, 아이에게 영어를 어떻게 습득시킬 수 있을까를 고민해보자. 아이가 가장 좋아하는 영어 영상이나 동화책을 찾을 때까지 엄마의 꾸준한 노력은 반드시 필요하다. 물론 이러한 노력이 쉽지는 않지만, 이렇게 노력한 것이 절대로 헛되이 되는 경우는 없다는 것을 기억했으면 좋겠다.

05

영어유치원에
보내야 하나요?

한국 아이들이 영어권 나라에 가서 생활을 한다고 해도 영어에
노출되는 시간은 월요일에서 금요일까지 하루 평균 6시간 정도다.
이 중 90%는 듣는 시간이다. 수업을 듣고, 어울려 놀면서 친구의
말을 듣고, TV를 보고 듣는다. 이렇게 3개월, 6개월, 1년, 2년의 유
학생활 기간에 따라 아이의 영어 실력은 달라진다.

이렇게 볼 때 유학을 가지 않고도 태어나서부터 6학년까지 매
일 집에서 2시간씩 영어환경에 노출될 수 있다면 약 9,750시간
즉, 1만 시간의 법칙에 적용되어 귀가 열리게 된다. 우리가 무엇이
든 1만 시간을 연습하면 그 분야에 전문가가 된다는 것은 말콤 글
래드웰의 《아웃라이어》 책에서 이야기하고 있는 내용이다. 많은
사례들을 종합해 보았을 때도, 태어나서부터 하루 20~30분에서

점점 늘려 2시간 정도 꾸준히 영어환경에 노출되면 유학을 가지 않고도 영어를 잘할 수 있다.

✍ 꾸준함을 이길 것은 아무것도 없다

강의를 하면서 가장 많이 듣는 질문이다.

"영어유치원에 보내야 하나요?"

그러면 나는 이렇게 대답한다.

"영어유치원을 보내는 기간만큼은 영어환경에 노출이 많이 되기 때문에 영어가 향상되는 것은 사실입니다. 집에서 영어 노출이 많이 되는 아이는 영어유치원에 가서 자연스럽게 적응을 잘하죠. 그런데 집에서는 영어를 하지 않고, 갑자기 영어유치원에 보내면 아이가 정서적으로 많이 불안해하고 적응하는데 시간도 꽤 걸린답니다. 또한 영어유치원을 졸업하고 그 이후에 어떻게 도와주는지가 중요해요. 영어유치원 2~3년 과정보다 더 중요한 것이 꾸준히 영어환경에 노출되는 것입니다."

영어유치원에 다닐 때는 집에서 전혀 하지 않다가 갑자기 초등학교에 가서부터 집에서 하려고 하면 무엇을 어디서부터 시작해야할지 엄마도 아이도 감이 안 잡힌다. 또 습관이 되지 않아서 꾸준히 하기가 쉽지 않다.

가능하다면 한글을 읽고 쓰기까지 되었을 때 영어유치원에 보내는 것이 좋다. 그래야 영어유치원을 다니는 동안 한글책과 영어책을 동시에 읽을 수 있다.

또한 아이가 영어유치원을 다녔다고 해도 초등학교에 입학한 이후 영어책 읽기와 영어비디오 시청이 가정에서 꾸준히 이루어져야 한다. 그렇지 않으면 아이의 영어 실력이 유치원 수준에서 멈추게 된다.

영어유치원 졸업 이후 학원에 주 2~3회 다니면서 숙제만 하면 영어로 의사소통하기가 쉽지 않다. 유치원생이 말을 유창하게 한다고 해도, 그건 유치원 아이의 실력이다. 점차 성장하면서 그에 맞는 어휘도 늘려야 하고, 문장 수준도 향상되어야 한다.

영어유치원을 다니면 겉으로 보기에는 영어 실력이 확실히 좋아진다. 그런데 실상을 보면 아이가 정확한 문장보다는 단어 위주로 자신의 의사를 표현하는 경우가 많다.

5~7세는 정보를 폭발적으로 받아들이는 시기이다. 그런데 아침 9시~오후 3시까지 영어환경에 있다 보면 아무래도 한국어로 습득하게 되는 다른 것들을 놓치는 아쉬움도 많다. 초등학교 1학년 교실에서는 똑바로 한국어를 사용할 수 있어야 한다.

내가 영어를 가르칠 때 영어유치원을 졸업한 초등 3학년 여자아이와 중학교 1학년 남자아이가 있었다. 여자아이는 꾸준히 영어에 노출되어 영어로 말하고 듣고 읽고 쓰기가 자유로웠다. 영어로 의사표현하는데 불편함이 없었고, 영어책도 즐기며 읽을 수 있었다.

그런데 중학교 1학년은 영어유치원을 졸업했는데도 불구하고 말하고 쓰는 것이 자유롭지 못했다. 유치원 시절에는 잘했다고 한다. 결국 영어유치원을 다니는 것보다 더 중요한 것은 '영어유치원을 다니기 전과 후에 얼마나 어떻게 꾸준히 영어환경에 노출되었나'이다. 물론 언어 재능의 차이도 있겠지만 말이다.

우리가 보통 조기유학을 가면 기본적으로 아이 1명당 학비가 월 120만 원 정도이고, 집 렌트비가 월 150만 원 정도이다. 여기에 식비, 차량 유지비, 가끔 여행 다니는 것을 감안하면 최소 월 500~600만 원이 든다. 이렇게 1년을 다녀오면 7천만 원 안팎의 비용이 들어간다.

하지만 약간의 비용을 들여 영어책과 영어 DVD를 사주고 매일 2시간씩 영어 노출을 하면 아이는 유학 가지 않고도 자유롭게 영어를 구사할 수 있다. 외국에서 1년 정도 학교를 다니다 오면 처음에는 영어를 잘할 수 있다. 하지만 국내에 들어와서 꾸준히 영어책을 읽고 영화 보기를 해야 그 실력을 유지하고 향상시킬 수 있다.

한국에서 영어유치원에 보내면 한 달에 100만 원씩 1년에 1200만 원이 든다. 이렇게 3년을 보냈다고 해도 유치원 졸업 이후 꾸준히 영어를 하지 않으면 초등학교 6학년에 가서는 다른 아이들과 실력이 크게 다를 바가 없다. 결국 영어는 영어유치원 3년을 보내서 끝날 일이 아니기 때문에 엄마가 영어책과 영어 영상을 통해서 영어환경을 규칙적으로 꾸준히 만들어주는 것이 제일 중요하다.

✐ 조기 유학 시기와 단기 체류

조기 유학의 시기에 대해서도 많은 질문이 쏟아진다. 나는 조기 유학을 보낸다고 하면 '초등학교 4~5학년'을 권한다. 만약 유치원 때 가면 지식이 6~7세 수준이기 때문에 영어도 딱 그 정도만 소화하고 돌아온다. 초등학교 4~5학년이 되면 어느 정도 한글책도 많이 읽었고, 기본적인 지식은 알고 있다. 그것을 영어로 덧입히고, 영어와 한국어를 비교 분석하며 받아들이면 훨씬 더 많은 것을 자기 것으로 만들 수 있다. 또한 5~6학년 때 한국에 돌아와서 공부를 이어가기도 전혀 부담스럽지 않다. 한국 학교에서 배울 것을 놓치면 어쩌나 하는 걱정은 하지 않아도 된다.

가기 전 한국에서 충분히 영어 CD를 듣고, 현지 아이들과 같은 수준의 책을 읽을 수 있다면 현지에 가서도 적응이 매우 빠르다. 하지만 '현지에 가면 당연히 잘하겠지'라는 생각에 한국에서 전혀 영어를 안 하고 가면 그곳에 가서 귀가 트이는 시간만 해도 꽤 걸린다. 처음 3개월은 듣느라고 아이가 말을 못한다. 또한 자연스레 유학을 가서도 한국인을 찾게 된다. 이민을 간지 10~20년이 되었어도 영어를 잘 못하는 사람들이 생각보다 많은 것은 이런 이유 때문이다. 어학연수를 가더라도 한국에서 영어를 충분히 익히고 가야 더 많은 것을 경험하고 올 수 있다.

대학생 때 어학연수를 가는 경우도 마찬가지이다. 한국에서 어느 정도 리딩 실력이 갖추어지고, 영어회화가 자유로우면 훨씬 빨리 현지 생활에 적응할 수 있다. TV 드라마를 보는 것도, 현지 친구를 사귀기도 훨씬 수월하다. 어학연수에 가자마자 그들이 하는 활동에 적극적으로 참여하면 문화 경험과 어학 실력도 일취월장한다.

3개월 단기 체류에 관한 질문도 많은데, 영어를 배우기에 3개월은 당연히 짧다. 3개월은 그야말로 문화를 체험하러 가는 기간이다. 책에서 읽었던 또는 영화에서 보았던 미국 스타일 집과 마트 구경, 호기심을 갖게 되는 정도이다. 현지에서 홈스테이를 한다고 해도 파악하고 적응하는데 시간이 걸린다. 하지만 아이에게 한국이 전부가 아니라는 즉, 세계는 넓다는 경험과 생각을 심어줄 수 있으므로 다녀와서 영어공부에 더 집중할 수 있는 동기 부여는 될 수 있다.

06

영어공부,
제대로 하고 있는지 모르겠어요

"아이가 이해하고 읽는지 확신이 안 서요. 아이가 내용을 잘 모르는 것 같은데, 그냥 계속 읽으라고 해도 되나요?"

엄마가 보기에는 아이가 대충 이해하면서 읽는 것 같아 불안하다. 하지만 이 부분은 엄마가 걱정 안 해도 된다. 아이가 계속 읽는 다는 것은 이해되는 부분이 있고 재미를 느낀다는 의미다. 그러니 너무 확인하려 하지 말고, 아이가 읽고 듣는 환경을 꾸준히 만들어주는 것에 집중하면 된다. 엄마가 자꾸 확인하려고 하면 아이는 '영어=스트레스'로 느낀다.

"유치원에서는 아이가 영어를 잘한다는데, 집에 와서는 잘 하려고 하지 않아요. 제가 영어로 물어봐도 아이는 한국말로 대답해요."

이유는 크게 2가지로 볼 수 있다. 첫째, 엄마가 너무 확인해서 아이가 스트레스를 받는 경우이다. 그냥 배우는 과정이려니 하고 꾸준히 하는 것이 답이다. 아이가 처음에 한국말을 배울 때 매번 물어보지 않아도 시간이 지나면 점차 어휘가 늘고 표현력이 늘듯이 영어도 그럴 것이라 믿고 계속 영어환경에 노출이 되도록 만들어주면 된다.

둘째, 엄마와 영어하는 것이 어색해서 그럴 수 있다. 유치원에서는 원어민 선생님과 영어로 말하는 것이 당연하고, 집에서는 엄마와 한국말로 하는 것이 당연한데 자꾸 엄마가 영어로 하는 게 싫은 것이다.

영어에서 만큼은 엄마의 믿음과 시간이 필요하다. 절대로 짧은 시간에 언어를 완성시킬 수 없다. 돌도 안 된 아이에게 그동안 많이 들었으니 말을 해보라고 요청하는 것과 같다.

🖋 아이가 영어에 거부반응을 보인다면?

혹시라도 너무 학습적으로 접하게 되어 아이가 영어 거부반응을 일으키면 잠시 멈추는 것이 좋다. 계속 시키면 역효과가 나타나고 영어를 영영 싫어하게 될 수도 있다.

한 엄마는 영어유치원을 아이가 싫어하는데도 잘 모르고 계속 보내 졸업시켰다. 초등학교 입학 후에는 영어학원은 물론, 영어책을 읽거나, 영어비디오를 보는 것조차 완강히 거부했다. 어릴 때는 억지로라도 시켰지만 강제로 시킬 수 없게 되자, 아이의 영어 실력은 갈수록 떨어지더니 중학교에 가서는 내신 영어 점수가 반 평균도 되지 않는 이해 못할 상황까지 가게 되었다.

영어공부는 마라톤이다. 처음에 전속력으로 달린다고 해서 42.195Km를 1등으로 들어온다는 보장이 없다. 영어유치원을 다니는 것은 초반부터 속력을 내는 것과 같다.

우리가 원하는 아이의 영어 실력은 무엇인가? 중학교, 고등학교에 가서 학교 영어시험도 잘 보고, 외국인을 만나 자유롭게 대화하고, 외국 자료를 자유롭게 검색해서 읽을 수 있고, 영화도 자막 없이 이해할 수 있기를 기대하는 것이다. 이런 실력을 갖추려면 처음부터 천천히, 하지만 꾸준히 오래 할 수 있어야 한다. 꾸준히 하려면 강요보다는 어떻게 아이가 영어를 재미있게 받아들일 수 있을까를 고민해야 한다.

책이나 영상을 보면서 아이가 엄마에게 정확한 해석을 물어보는 경우가 있다. 이때는 엄마가 내용을 충분히 이야기해 주는 것이 좋다. 명확하게 내용을 알고 싶어 하는 아이도 있고, 상상하면서 읽는 것을 즐기는 아이도 있다. 청각이 발달하여 소리에 더 익숙한 아이가 있고, 청각보다 시각이 발달해서 그림책을 보거나 영상을 즐기는 아이도 있다.

아이가 같은 영화나 드라마를 반복해서 보면 나중에는 대사를 외울 정도가 된다. 우리 아이는 〈해리포터〉 영화를 반복해서 봤다.

언제 봐도 재미있다는 것이다. 어느 날은 영화를 보면서 다음 대사를 혼자 미리 중얼거렸다. 이렇게 외울 정도인데도 또 보면 재미있다고 한다. 다른 엄마들도 아이가 짧은 동화책은 외워서 읽는 것 같다고 이야기한다. 처음에는 외워서 읽는 것처럼 보이지만, 이것이 반복되면 단어가 눈에 들어오고 통문자를 인식하게 되어 마침내 문장을 읽게 된다.

아이들이 태어나서 처음 1년 동안은 한국어 환경에 24시간 365일 노출되어 있다. 그렇게 생활하다가 돌을 전후로 한두 마디씩 말하기 시작하고 점차 폭발적으로 한국어 어휘가 증가한다. 한국에서 현실적으로 힘들겠지만, 영어도 24시간 365일 노출이 우선시되면 조금씩 말문이 트이게 된다.

아이들마다 개성이 다르기 때문에 엄마의 역할이 가장 중요하다. 무엇이 좋다고 말할 때 시도는 해볼 수 있겠지만, 그 방법이 꼭 우리 아이에게도 가장 좋은지는 해보기 전까지 알 수가 없다. 다른 사람이 아니라고 말해도 내 아이에게 잘 맞는 방법이라면 그 방법이 우리 집에서는 최고인 것이다.

요즘엔 영어공부에 관한 정보들이 너무나 많다. 어떤 방법이 가장 좋은지는 아이마다 다르다는 것을 잊지 말자. 우리 아이를 제일 잘 아는 사람은 바로 엄마다. 제대로 하고 있다고 믿고, 더 잘할 수 있도록 맛있는 것도 만들어주고, 응원과 격려를 해주자.

07

영어학원의
선택 기준

"언제부터 영어학원을 보내면 좋을까요?"

"영어학원의 선택 기준은 무엇인가요?"

이 질문에 대한 결론부터 이야기하자면 상황마다 모두 다르고, 우리 아이에게 가장 잘 맞는 학원이 어디인가를 찾아야 한다.

집에서 중심을 잡고 하다가, 조금 어려운 단계로 넘어갈 때는 외부의 도움을 받는 것을 권한다. 물론 집에서 꾸준히 점차 레벨을 올리며 영어책과 영상을 볼 수 있으면 굳이 학원을 가지 않아도 된다.

그런데 처음에 놀이로 시작했다고 하더라도, 어느 정도 수준에 도달하면 학습적인 부분이 안 들어갈 수가 없다. 이런 경우에 엄마와 실랑이를 하면서 공부하면 서로가 힘들다. 때로는 친구들과 함께 이야기하면서 수업하는 것을 재미있어 하는 경우도 많다.

하지만 중요한 것은 학원이든 학습지 선생님이든 외부의 도움을 받더라도 집에서의 학습은 꾸준히 이어져야 한다는 것이다. 학원을 결정할 경우, 반드시 영어 동화책과 영상을 보는 것이 커리큘럼에 포함되어 있어야 한다. 아이들에게 한국말로 설명해도 이해하기 어려운 내용을 영어책으로 수업하는 경우가 있다. 시사적인 내용보다 흥미롭게 읽을 수 있는 '스토리북'이 초등생에게는 더 효율적이다. 어려운 시사를 다루는 내용들은 중·고등학교에 가서 읽어도 늦지 않다.

차라리 어린이 영자신문이나 어린이 영어잡지를 이용하는 것은 매우 권할 만하다. 동화책이 픽션이라면, 신문이나 잡지는 사회, 경제, 과학, 환경 등 사실적인 것들을 다루기 때문에 아이들이 이해하는데도 어렵지 않다. 또한 신문이나 잡지를 읽으면 굳이 영어권 나라의 교과서로 공부하지 않아도 학교에서 배우는 내용이나 어휘를 어느 정도는 습득할 수 있게 된다. 초등학교까지는 듣고, 읽고, 말하고, 쓰는 것에 충분한 시간을 보내는 것이 영어의 기초공사를 튼튼히 하는 것이다.

🖋 문법은 언제부터 시작해야 할까?

충분히 듣고, 읽기를 많이 한 아이들은 문법 용어를 몰라서 그렇지 기본은 스스로 깨치고 있는 상태이다. 과거의 방식으로 영어를 익히면 문법도 따로 공부해야 하지만, 충분히 영어에 노출이 되어 있는 상태라면 천천히 해도 된다. 일반적으로 5학년 2학기나 또는 5학년 겨울방학부터 쉬운 문법책으로 개념과 용어정리부터 익히고, 쉬운 문제를 풀어보면서 적용하는 연습을 해야 한다.

어떤 부모님은 아이가 6학년인데 아직도 책 읽는 것과 말하는 수업만 좋아한다고 하셨다. 그동안 올바른 방법으로 영어공부를 잘 시킨 경우이다. 하지만 6학년쯤 되면 문법의 개념을 알아야 한다. 중·고등학교 내신과 영어 성적을 위해서 필요한 과정이기 때문이다. 아이가 영어를 듣고, 말하고, 읽고, 쓰는 것뿐만이 아니라, 학교에서의 성적도 좋은 결과를 얻는 것이 우리 부모님들의 바램이다. 문법이 과하게 강조될 필요는 없지만, 개념을 정확하게 이해하는 것은 분명 간과해서는 안 될 부분이다.

반대로 초등학교 2학년인데 기본 문법을 가르쳐주고 싶다는 엄마도 계셨다. 이분에게는 아직 더 많은 영어책을 읽고, 영상을 보면서 원음을 더 많이 들을 시기라고 말씀드렸다. 주변에서 어학원을 다니는 아이들이 코스북으로 문법을 공부하면 왠지 우리 아이도 해야 할 것 같은 불안함을 느낀다고 하셨다. 하지만 이때 문법 공부를 하는 것은 시간 대비 비효율적이다.

✍ 영어학원보다 더 중요한 것

'영어학원을 언제부터 보내야 할까?'보다 '어떻게 영어환경에 노출시켜야 하는가?'를 더욱 고민해야 한다. 학원이 필요한 시기는 아이마다 다르다. 집에서 영상을 보고 쉬운 동화책 읽기를 꾸준히 재미있게 하고 있다면 굳이 학원을 일찍 갈 필요는 없다. 결국 영어학원을 가는 이유도 영어환경에 노출시키기 위한 방법 중 하나이기 때문이다.

하지만 집에서 하다가 계속하기에 어려움을 느끼면 학원이나 외부의 도움을 받아야 한다. 집에서 하다가 영어공부를 중단하기보다는 학원이나 외부의 도움을 받아서라도 이어가는 것이 아이가 영어를 익히는데 도움이 되기 때문이다.

한 교실에 10명이 넘는 학원에서 1~2시간 수업하는 것으로 아이의 영어 실력이 향상되기는 쉽지 않다. 나이에 맞는 영어책 읽기와 영어 영상 시청을 초등학교 6학년까지는 매일 집에서 2시간 정도 해야 우리가 원하는 영어 실력을 갖출 수 있다. 이렇게만 한다면 굳이 유학을 가지 않고도 원어민처럼 발음하고 영어를 구사할 수 있다.

엄마가 꾸준히 영어환경을 만들어주고, 재미있게 할 수 있도록 도와주는 것이 경제적으로도 이득이다. 유학을 가지 않고도 영어책과 영어 영상으로 원어민처럼 영어를 잘할 수 있다면 1년에 6천~7천만 원을 번다고 해도 과언이 아니다. 어렵고 힘들지만 어려서

부터 영어 노출을 꾸준히 할 때 우리 아이는 영어에서 자유로워질
수 있다.

4교시

이럴 땐 이렇게!
사이다 상담소

01

아이의 꿈을
찾아주고 싶을 때

딸: 엄마는 내가 나중에 무슨 일 했으면 좋겠어?

엄마: 글쎄, 네가 하고 싶은 일을 하는 거지. 그걸 왜 엄마한테 물어봐?

딸: 잘 몰라서…….

초등학교 5학년 딸이 엄마에게 이렇게 묻는데 엄마는 마음이 편하지가 않았다.

'다양한 경험을 많이 하게 하고 독립적으로 키운다고 했는데, 왜 자신의 꿈을 엄마에게 물어보는 걸까?'

이런 질문을 하는 것을 보니, 혹시나 '엄마 주도적'으로 키운 것은 아닌가 염려가 되기도 한다. 며칠 뒤에 다시 딸이 엄마에게 "엄마는 학교 다닐 때 꿈이 뭐였어?"라고 묻길래 엄마의 어렸을 때 꿈을 이야기해 주었다.

꿈에 대해 엄마에게 물어본다는 것은 자신의 꿈에 대해 많이 생각한다는 증거이다. 사실 어른에게도 "꿈이 뭐예요?"라고 묻는다면 잘 대답할 수 있는 사람이 많지 않을 것이다. "꿈을 가지세요"라는 말을 귀에 못이 박히도록 듣지만, 실상 "나의 꿈은 이런 것이다. 어떤 전공을 해서 어떤 일을 할 거야"라고 자신 있게 말하는 사람은 많지 않다.

40대 이상의 어른에게 '현재 자신이 하고 있는 일이 어렸을 때의 꿈인가요?'라고 물으면 80% 이상이 아니라고 대답할 것이다. 졸업 후 직장을 다니면서 어떻게 하다 보니 이 일을 하고 있다 또는 처음에는 원하는 일을 하다가 변화가 생겨서 여기까지 왔다고 하는 분들도 있다.

한 지인은 경영학을 전공하여 대학 졸업 후 금융계에서 일을 시작하였다. 대학을 입학할 때는 주변에서 경영학을 추천하고 본인 생각에도 잘 맞을 거 같아 경영학을 전공했다. 학부 시절에 학점 관리도 잘하였고, 졸업 후 금융계 회사로 바로 입사를 했다. 승진도 하며 15년간 금융계에서 직장생활을 하다가 명예퇴직 기회가 있어서 신청을 하였다. 이분은 사회생활을 하는 동안 여러 사람들을 만나면서 자신의 적성이 무엇인지 깨닫게 되었다고 한다. 명퇴 이후 코칭 과정을 배우고 자신의 생각과 경험을 더하여 현재는 진로를 코칭하는 일을 하고 있다. 수입은 과거 회사에 다닐 때보다 적지만 보람과 행복감은 지금이 더 크다고 한다.

꿈은 사실 한 번에 딱 찾기란 쉽지 않다. 꿈도 살아 있다. 그래서 계속 변한다. 오늘은 이것을 하고 싶은데 해가 바뀌면 또 다른 것에 더 관심이 간다. 지극히 정상적인 현상이다. 현재 내가 무엇을 좋아하고, 무엇을 하고 싶은지 집중해야 한다.

아이가 책을 좋아한다고 해도 특히 책을 더 좋아하는 장르가 있다. 물론 한 장르만 고집하는 것보다 다양한 영역을 읽는 것이 중요하지만, 무조건 다양하게만 읽은 것이 꼭 좋은 것은 아니다. 내가 더 좋아하는 분야가 있으면서 다양하게 읽는 것이 좋다.

어떤 놀이를 제일 좋아하는지 살펴보고, 아이의 생각을 물어보자. 어떤 아이는 잡기놀이를 더 재미있어 하기도 하고, 어떤 아이는 가만히 앉아서 모래놀이 하는 것을 더 좋아한다. 현재 우리 아이가 좋아하고 잘하는 놀이를 더 많이 해보고, 거기에 유사한 한 가지를 함께 경험해보게 하는 것이 좋다.

노래를 유난히 좋아하고 음악에 남다른 반응을 보인다면 다양한 장르의 음악을 들려주자. 악기에 관한 책도 사주고, 악기 박물관도 가보자. 많은 경험이 쌓이면 악기, 성악, 작곡, 배경음악, 댄서, 영화 음악 등 음악에도 셀 수 없이 많은 영역들이 있음을 알게 된다. 그 것들을 서로 융합하면 새로운 장르를 만들어 낼 수 있다. 아이들은 우리가 모르는 새로운 영역에서 일을 하며 살아갈 것이다.

🖋 아이의 꿈을 찾아주기 위해 엄마가 해야 할 일

1. 엄마가 아이를 보고 느낀 대로 자주 이야기해준다.

조금이라도 잘하는 것이 있을 때 구체적으로 확실하게 칭찬을 해준다. 자주 이야기를 듣다 보면 아이 마음속에도 '나는 이런 것을 잘하는 사람이구나'라고 확신을 갖게 된다. 또한 '나는 무엇을 재미있어 하고, 무엇을 잘하고, 무엇을 어렵게 느끼고, 어떤 것은 관심도 가지 않는가'를 알게 된다. 매일 부족한 부분을 더 잘하게 도와주고 싶어서 지적과 지시만 하면 아이 스스로 '나는 부족한 사람'이라는 생각을 하게 된다.

밥을 혼자 잘 먹는 것도 칭찬받을 일이다.

옷을 혼자 잘 입는 것도 칭찬받을 일이다.

옷을 스스로 선택하고 신발을 선택하는 것도 칭찬받을 일이다.

양치를 혼자 잘하는 것도 칭찬받을 일이다.

장난감을 잘 정리하는 것도 칭찬받을 일이다.

감기에 자주 안 걸리는 것도 칭찬받을 일이다.

엄마와의 약속을 잘 지키는 것도 칭찬받을 일이다.

아이를 잘 키우는 엄마들은 아이를 잘 관찰하면서 무엇을 칭찬해줄까에 집중한다. 긍정적인 피드백을 계속 받고 자란 아이들은 자신에 대한 이해가 높다. 성장하면서도 자신의 행동을 인식하고 잘하는 일에 대해 자부심을 갖는다.

가능한 한 다양한 경험을 선물하자. 이론이 아니라 스스로 경험해보면서 만져보고, 느끼고, 생각하고, 부딪혀보고, 생각한 대로 안 되는 다양한 경험도 해보면서 자신에 대해서 더 잘 알게 된다. 아무것도 시도해보지 않으면 내가 무엇을 좋아하고 싫어하는지 알 수 있는 기회조차 없다.

음식도 마찬가지다. 다양한 음식을 먹어봐야 어떤 스타일의 음식을 좋아하는지 이야기할 수 있다. 책과 TV로만 접한 음식에 대해서는 말할 수가 없다. 작은 경험들이 쌓이면서 '나'라는 사람을 더 잘 알게 된다는 것은 반론의 여지가 없다. 나를 잘 이해하는 삶은 결국 나의 꿈을 찾는 일과 관련이 있다.

2. 관계형성능력 길러주기

우리는 태어나면서부터 많은 관계에 속하게 된다. 부모, 조부모, 친척부터 시작하여 어린이집에 가면 친구들까지. 어려서부터 인기가 많은 아이는 크면서도 주변에 늘 친구가 많다. 하물며 어른이 되어서도 마찬가지이다.

관계형성능력이 뛰어난 아이를 보면 엄마, 아빠와의 관계가 편안하게 형성되어 있다. 엄마와의 관계는 편안하지만 아빠가 지나치게 엄한 경우도 아이의 마음이 편하지가 않다. 만약 아빠가 엄마에게 폭언을 한다든지 엄마를 무시하는 발언을 많이 하면 엄마는 무시해도 되는 사람, 남자는 힘이 약한 사람에게는 함부로 대해도 되는 것으로 인식된다. 아이가 관계 형성을 잘하려면 부부 사이가 완만하고, 가정 분위기가 편안해야 한다. 서로를 격려하고 존중하는 가정문화에서 성장한 아이는 관계형성능력이 탁월하다.

3. 갈등해결능력 길러주기

아이가 원하는 것을 모두 들어줄 수는 없다. 육아가 힘든 이유는 아이와의 크고 작은 갈등 때문이다. 어떻게 아이의 욕구도 충족시키고, 엄마의 바램도 충족시킬 것인가. 엄마는 아이의 건강을 생각해서, 안전을 생각해서, 또 아이의 미래를 위해서라고 주장한다. 반면 아이는 당장 자신의 욕구를 충족하고 싶어 한다. 이럴 때 갈등을 어떻게 풀어나갈 것인가? 우리의 바램은 엄마도 행복하고 아이도 행복한 것이다.

유치원에서 종종 장난감을 서로 가지고 놀겠다고 다투는 경우가 생긴다. 만약 자전거는 2개밖에 없는데 아이들 10명이 서로 먼저 타겠다고 싸울 수 있다. 이때 "우리 순서를 정해서 한 바퀴씩 돌아가면서 타자"라고 제안하는 아이가 있다면 참 좋을 것이다. 만약 어른이 함께 있다면 아이들에게 "어떻게 하면 좋을까?"를 물어보고, 스스로 대안을 찾아보게 하는 것이 제일 좋은 방법이다. 만일 아이들이 그러한 제안을 할 수 있는 나이가 아니라면, 어른이 몇 가지 제안을 하고 아이들이 선택을 하는 것도 또 다른 방법이다.

아이가 꿈을 찾고 이루어나갈 때 생각지도 않은 수많은 갈등을 만날 수 있다. 이때마다 이것을 피해서 다른 길로 간다면, 갈등을 만날 때마다 새로운 길을 찾으려고 할 것이다. 만약 꿈이 바뀌어서 방향을 전환해야 한다면 당연히 다른 길로 가야 할 것이다. 하지만 갈등을 만났을 때 해결하거나 노력하지 않고 피하려고만 한다면 절대로 꿈을 이룰 수 없다.

생활에서 갈등을 해결하는 법, 문제가 생겼을 때 다각도로 생각해보는 법을 배우고, 원하는 것을 어떤 방법으로 얻을 수 있을까에 대해 고민해보면 스스로 꿈을 찾아가는 힘도 생기게 된다.

아이가 "엄마는 꿈이 뭐예요?"라고 묻는다면 어떤 대답을 할 수 있을까? 관계형성능력과 갈등해결능력을 통해 엄마의 꿈을 찾아가는 삶을 아이에게 보여주자. 아이는 엄마의 삶을 보며 자라고 있다.

02

아이가 이해되지 않고, 자꾸 화가 날 때

내가 강의할 때 엄마들과 자주 하는 활동이 있다. 한 분이 나오셔서 도형이 그려진 그림을 최대한 자세하게 설명한다. 앉아 있는 분들은 집중해서 듣고 그림을 그린다. 이 활동의 규칙은 한 가지인데, 질문을 할 수 없다.

활동이 끝난 후 보면 분명 같은 장소에서 설명을 듣고 그렸는데도 그림이 제각각이다. 오랫동안 이 활동을 해오면서 설명과 정확히 일치하게 그린 경우는 2~3번 정도 보았고, 대부분의 경우 설명과 차이가 있었다.

✏️ 우리는 같은 이야기를 들었는데 왜 다르게 그릴까?

이 활동을 하고 난 이후에 엄마들은 많은 것을 느낀다. 경청이 쉽지 않다는 것, 또 우리 아이가 한 말을 내가 다르게 받아들일 수 있다는 것.

아이가 유치원이나 학교를 다녀와서 엄마에게 많은 이야기를 한다. 엄마는 잘 이해했다고 생각하는데, 실상은 아이가 설명한 것과 많이 다를 수 있다. 그래서 아이들이 자신의 욕구를 충분히 말했는데도, 엄마는 그 욕구를 모르고 있는 경우도 생긴다. 가끔은 남편과 충분히 대화했다 생각했는데, 나중에 서로 다른 이야기를 할 때처럼 말이다.

이 게임을 가족이 함께 해보는 것도 재미있다. 엄마나 아빠가 그림을 그려 설명하고, 아이는 설명만 듣고 그리게 한다. 이때 설명하는 사람은 아이가 그리는 것을 보면 안 된다. 서로가 등을 마주하고 한 사람은 설명만 하고, 다른 사람은 듣고 그리기만 한다. 반대로 아이가 그림을 그려 설명하고, 엄마나 아빠가 설명을 듣고 그림을 그릴 수도 있다.

가정에 아이가 2명일 경우에는 레고나 블록으로 응용해볼 수 있다. 형제가 등을 대고 앉아서 한 명은 말하면서 모양을 만들고, 다른 한 명은 들으면서 모양을 만든다. 설명이 끝난 뒤 서로 만든 것을 비교하여 본다. 같을 수도 있고 다를 수도 있다. 이런 경험을 하다 보면 아이들이 내가 어떻게 설명해야 상대방이 더 잘 이해하고, 내가 말하고자 하는 것을 잘 전달할 수 있을지 생각하게 된다. 또 이 게임을 하면서 아이는 새로운 사실을 배운다.

'자신의 말을 상대가 다르게 이해할 수도 있다는 것,

상대가 말한 것을 내가 다르게 받아들일 수 있다는 것'

이렇게 생각하고 대화를 하면 이해의 폭이 넓어지고, 내 말을 잘못 알아들었다고 화를 내는 일도 줄어든다.

우리는 자신의 기준에서 이야기를 받아들이고 재해석을 한다. 듣고 싶은 부분만 듣거나, 과거 경험에 비추어서 나름대로 해석하는 것이다. 아무리 어릴지라도 아이가 한 말의 의도를 다시 한번 생각해 볼 필요가 있다. 아이와 대화할 때 엄마가 이해한 것이 맞는지 아이에게 물어보는 것도 좋은 방법이다. 이렇게 하다 보면 아이도 대화를 할 때 상대의 의도를 더 정확하게 파악하려고 다시 요약하여 물어보기도 한다.

🖊️ 화의 감정이 올라올 때 아이의 말이 들리지 않는다

아이의 행동을 지켜보다 보면 나도 모르게 '화'의 감정이 올라올 때가 있다. 그러면 아이의 말이 제대로 들리지 않는다. 이럴 때 나의 감정을 들여다보아야 한다.

'아이의 말에 나는 왜 화가 나는가? 왜 짜증이 나는가?'

아이가 똑같은 이야기를 해도 어쩔 때는 그냥 넘어가지고, 어쩔 때는 화가 난다. 순전히 엄마의 내면 감정이 다른 상황을 연출하는 것이다.

엄마인 내가 먼저 자신을 잘 알아야 한다. 그래서 평상시 자신과의 대화가 많이 필요하다. 생각해보자.

'나는 언제 행복하고, 어떤 부분을 유난히 힘들어하고, 쉽게 지치는가.'

엄마들이 나도 모르게 화가 난다고 이야기한다. 화가 나는 이유는 사실 마음속 깊은 곳에 있다. 그런데 그 이유를 들여다보려고 하지 않는다. 두렵기도 하고, 그냥 묻어두고 싶다. 하지만 아이러니하게도 이런 나의 마음을 들여다 볼 수 있을 때 아이의 말에 더 귀 기울여 들을 수 있게 된다.

내가 언제 마음이 불편한가를 알게 되면, 그러한 상황이 될 때마다 알아차리고 자신을 격려해줄 수 있다. 엄마가 화가 나면 말을 쏟아내기 바쁘다. 그러면 아이의 말이 더 들리지 않게 된다.

순간적인 화를 누그러뜨리는 Tip

1. 그 순간에는 말을 아낀다.

엄마는 화가 나서 한 말인데, 아이의 마음에 상처로 남는 경우가 있다.

2. 잠시 그 상황에서 벗어나본다.

무조건 참는 것이 아니라, 엄마가 자신의 마음과 감정을 읽을 수 있는 방법을 찾아야 한다.

아이 입장에서 생각해보고, 다음은 엄마 입장에서 바라본다. 그 다음 제3자가 이 상황을 바라본다 생각하고 객관화시키는 연습을 해보자. 감정을 배제할 수는 없지만 사실을 중심으로 생각하면 조금 차분해질 수는 있다.

자신의 감정을 스스로 다스릴 수 있을 때 나도 안정이 되고 아이의 말에 귀도 기울일 수 있게 된다. 부모가 화가 났을 때 하는 말과 행동을 아이는 습득한다.

'화가 나면 저렇게 말(행동)을 해도 되는 거구나!'

화가 났을 때뿐만 아니라 평소 부모의 말과 행동을 따라 한다. 유치원 아이들이 역할놀이를 할 때 보면 그 가정의 엄마, 아빠가 어떤 언어로 어떻게 대화하는지 짐작할 수 있다.

엄마가 분노의 감정이 올라와서 화가 날 때 그것을 해소할 수 있는 방법(6장 참고)들을 찾아야 한다. 단순히 그 순간을 참아야지 하면 그런 것들이 쌓여서 나중에는 폭발할 수 있다. 내부적으로 쌓이지 않게 자신만의 화를 푸는 방법들을 하나씩 시도해보고 자신을 다독일 수 있으면 좋겠다.

일단 화가 나면 아이가 하는 말에 집중도 되지 않고 귀찮게 느껴진다. 아이를 마치 어른처럼 행동하기를 기대하는 것은 아닐까. 아이 입장에서 생각해보면 마음이 조금 더 너그러워진다. 더 놀고 싶은 마음, 더 어리광 부리고 싶은 마음을 조금이라도 이해할 수 있다면 아이의 말에 더 귀 기울일 수 있게 될 것이다.

03

아이를 독립적이고
주도적으로 키우고 싶을 때

아이가 3살 정도가 되면 "내가", "내가 할 거야"를 반복한다. 스스로 할 수 있는 일도 있지만, 시간도 오래 걸리고 실수도 많기 때문에 엄마가 대신 해주는 경우가 많다. 그러다 보면 아이가 5~6살이 되고 초등학교를 입학해도 스스로 해야 된다는 생각을 못한다.

강의를 들으러 오신 한 엄마의 말이 기억에 남는다.

"강의를 들으면서 우리 집 아침 모습이 생각나네요. 1학년인데 학교에 늦으면 안 된다는 이유로 제가 먹여주고, 입혀주고, 양치까지 해주고 있었네요. 어렸을 때는 '내가 하겠다'고 하는 것을 못하게 했는데, 이제 스스로 해야 할 시점에 와서는 '내가 하겠다'는 이야기를 안 해요."

3~4살 때 뭐든지 하겠다고 주장할 때 많은 것을 시도해본 아이

가 크면서 점차 독립성과 주도성을 갖게 된다.

"4살 된 아들이 집에서 자꾸 높은 곳에 올라가려고 하고, 위험한 행동을 하는데 매번 어떻게 통제해야 할지 모르겠어요."

안전에 해당하는 문제라면 단호히 못하게 해야 할 것이다. 하지만 어느 정도 허용이 가능한 것이라면 엄마의 걱정스러운 마음을 충분히 전하고, 아이의 의견을 물어보자.

"이곳에 올라가서 네가 만약 떨어지면 다칠까봐 엄마는 걱정이 돼. 어떻게 하는 것이 좋을까?"

무조건 위험하니 못하게만 하면 호기심 많은 아이들은 더 하고 싶어 한다. 아이 스스로 위험한 행동이라는 인식하도록 도와주고, 옆에서 지켜보는 것도 하나의 방법이다.

🖋 아이를 독립적이고 주도적으로 이끄는 방법

학교에 입학해서 처음으로 받아쓰기를 100점을 맞았다. 아이는 집에 도착해서 현관에서부터 흥분된 목소리로 엄마한테 말한다.

"엄마, 나 100점 받았어요."

보통 엄마들은 다음과 같은 반응할 것이다.

"열심히 연습하니까 결국 잘하네. 앞으로도 이번처럼 열심히 하자."

"잘했어. 그런데 너희 반에서 100점이 몇 명이야?"

"오늘은 선생님이 쉬운 문장을 내셨나?"

아이 입장보다는 어른인 엄마 기준에서 말하는 경우가 대부분이다. 아이의 기쁘고 뿌듯한 마음은 읽어주지 못하고, 앞으로 계속 더 잘하기만을 바라는 마음이 무의식적으로 고스란히 드러난다. 기쁨은 잠시, 아이는 앞으로도 계속 잘해야 한다는 부담감이 생긴다.

같은 상황에서 다른 엄마는 이렇게 말씀하셨다고 했다.

"정말 잘했다. 엄마도 이렇게 기분이 좋은데 우리 서영이는 얼마나 기분이 좋을까?"

주체를 완전히 바꾼 것이다. 엄마는 옆에서 보조자의 역할을 할 뿐이고, 아이 삶의 주인공을 온전히 아이로 만들어준 것이다. 이렇게 자란 아이는 주도적이고, '삶의 주인공은 나 자신'으로 생각하며 성장할 것이다.

"너 스스로 해봐"라고 말하는 것보다 일상에서 아이가 주체가 되도록 엄마가 의식하고 대화하자. 삶은 선택의 연속이다. 어떤 선택을 하고 어떤 대화를 하며 아이를 키울 것인가? 나의 삶 안으로 아이를 데리고 올지, 아이가 삶의 주인공으로 서게 할지는 엄마의 선택이다. 어쩌면 이런 고민조차 없이 아이가 엄마의 삶 안에 들어와 있는 것은 아닌지, 엄마가 아이의 인생 중심에 들어가 있는 것은 아닌지 생각해보자.

어떤 장소에 먼저 여행을 다녀온 사람은 핫플레이스, 음식, 문화, 날씨, 시장, 호텔, 관광지, 준비물 등에 관한 다양한 이야기를 해준다. 처음 가는 사람들은 먼저 경험한 사람들의 이야기와 여행 책자에서 많은 정보를 얻는다. 물론 현장에 가서는 사람마다 느끼는 것이 다르고, 방문하는 곳도 다를 수 있겠지만 말이다.

아이를 키우는 것도 이와 비슷하지 않을까? 자식을 3~5명을 낳아 키운 엄마들이 할머니가 되어서 손주들을 보면 그렇게 예쁠 수가 없다고 한다. 그분들이 우리에게 조언하기를 너무 애걸복걸하며 키우지 말고 여유를 가지고 키우라고 하신다. 물론 시대가 변하고 육아를 처음 해보는 우리에게 여유를 가지고 키우라는 말이 얼마나 어려운 것인지 나도 잘 안다. 나도 그렇게 못했고, 지금도 쉽지 않다.

하지만 여행지를 먼저 다녀온 사람들의 말에 귀 기울이듯이, 아이를 먼저 키운 선배님들의 말에 귀 기울이려고 노력한다. 아이는 성인이 되면 나름의 모습으로 자신의 삶을 채워나간다. 무슨 색깔로, 어떤 내용을 담을지는 아무도 모른다.

단지 엄마인 우리가 해야 할 일은 아이가 좋아하는 색깔로, 자신이 원하는 것들을 담을 수 있도록 도와주는 것이다. 삶의 주인공으로 살아갈 수 있도록 힘을 키워주는 것, 뒤에서 밀어주는 것이다.

엄마들이 불안해하는 것은 주로 이런 것들이다.

"우리 아이가 다른 아이들보다 뒤처지면 어쩌지?"

"잠재력은 뛰어난데 엄마가 잘 못해줘서 우리 아이가 이 정도인가?"

"우리 아이가 나중에 원하는 일을 하며 잘살 수 있을까?"

미래에 대해 막연한 불안감 때문에 여유도 없이 엄마의 계획 아래 아이의 삶을 좌지우지 하는 것은 아닌지 생각해보자.

엄마의 뜻과는 달리 엄마의 뜻에 맹종하는 자식일수록 점점 더 엄마에게 큰 짐이 되는 게 냉혹한 현실이다. 늘 엄마의 뜻을 살피며 착한 아이로 살다 보니 어느새 자신의 뜻은 아예 사라져 버렸기 때문이다.

– 박혜란 저, 《다시 아이를 키운다면》中

매일 눈뜨면 신문에 세상의 새로운 이야기들이 나온다. 이 시대에 우리 아이들에게 가장 필요한 것은 무엇일까? 스스로 할 수 있는 힘, 선택할 수 있는 자신감, 새로운 변화에 도전할 수 있는 힘, 삶에 주인공이 자신임을 인식할 수 있는 힘을 갖는 것이다.

오늘 하루를 삶의 주인공으로 행복하게 사는 아이는 내일도 모레도 10년 뒤에도 20년 뒤에도 삶의 주인공으로 행복하게 살 수 있다. 어려서부터 내가 하겠다고 주장할 때 많이 수용해야 엄마도 아이도 더욱 행복해질 수 있다.

오늘 밤 잠자리에 들 때 아이에게 물어보자.

"오늘 하루 행복했어?"

"오늘 하루 스스로 어떤 일을 했어?"

• • • •

04

두 아이 모두
사랑받는다는 느낌을 주고 싶을 때

"둘이 싸울 경우, 큰 애를 먼저 달래면 둘째가 삐지고, 둘째를 먼저 달래면 첫째가 삐져서 아주 힘이 듭니다. 어떻게 해야 아이들이 둘 다 사랑받는다고 느낄까요?"

쌍둥이를 키우거나, 터울이 크지 않은 두 아이를 키우는 엄마들이 많이 하는 질문이다.

어렸을 때 자라면서 이러한 갈등이 있었을 때 우리 집에서는 부모님이 어떻게 개입하셨는지 떠올려보자. 그 당시 내가 생각했을 때 좋았던 점 또는 불편했던 점은 무엇이었을까?

두 아이가 싸웠거나 갈등이 있을 경우, 일단 둘 모두를 엄마 앞으로 부른다. 그리고 이렇게 묻는다.

"누가 먼저 이야기할래? 엄마한테 상황을 좀 설명해줄래?"

첫째 아이의 설명이 끝나면 둘째 아이의 설명을 듣는다. 이때 중요한 것은 사실을 중심으로 이야기하도록 도와주는 것이다. 두 명이 사실을 설명한다고 해도 그 안에 자신의 억울한 감정이 들어가기도 하고, 자신에게 유리한 부분만 이야기하기도 한다. 엄마가 말을 듣는 도중 "네가 그럴 줄 알았어", "지난번에도 그러더니 이번에도 또 그랬구나" 같은 비하하는 말을 하면 아이는 자존감이 떨어지고 조리있게 설명할 용기를 잃게 된다.

48개월 전후의 발달단계에서는 다른 사람의 입장을 생각할 수 없다. 예를 들어 아이 앞에 인형을 마주보게 놓아두고 "앞에 보이는 것을 말해보세요"라고 질문하면 "눈, 코, 입……" 이렇게 대답한다. 다시 "반대 방향에 있는 아이는 무엇이 보일까요?"라고 질문하면 뒷모습, 엉덩이, 등, 머리라고 대답하지 않고, 자신의 눈앞에 보이는 것을 똑같이 말한다. 이렇듯 이 시기 아이의 뇌는 상대방 입장에서 생각할 수 있는 힘이 없다.

엄마가 두 아이의 이야기를 모두 들어보면 어느 정도 상황 파악이 될 것이다. 이때 엄마는 감정이나 판단은 넣지 않고 일단 듣고 이해한 내용 그대로 다시 한 번 요약하여 말한다.

"엄마는 이렇게 이해했는데, 이것이 네가 말한 것 맞아?"라고 확인하며 양쪽의 이야기와 입장을 다시 한 번 설명해준다. 일단 이 정도가 되면 아이들의 감정도 안정이 되고, 조금은 객관적인 입장에서 이해할 수 있다.

이런 과정을 거친 후에 엄마가 볼 때 이런 부분에서 입장이 달라서 오해가 있었던 것으로 보인다고 사실에 근거하여 공정하게 말해준다. 아이도 상대의 이야기를 들어보면 같은 상황에서도 서로 다르게 느낀다는 것을 알 수도 있다. 엄마가 객관적으로 이야기해주고, 다시 아이들 각자의 이야기를 들어본다. 이 과정을 통해서 아이들은 어떻게 중재를 하는지도 배우게 된다.

엄마의 선입견 또는 과거의 일을 기준으로 오늘 사건도 판단해 버리면 그중 한 명은 더 억울하고 속상해할 수 있다. 누구의 편에서 이야기하는 것이 아니라 사진 찍듯이 아이가 설명하는 상황을 다시 이야기해주면 엄마가 자신의 이야기를 들어주었다고 생각한다. 다툰 상황에서도 각자에게 칭찬해줄 부분이 있다면 칭찬해주고, 무엇보다 엄마가 너를 믿는다는 마음을 느낄 수 있도록 아이의 이야기를 경청하는 것이 우선되어야 한다.

평정한 마음 상태로 엄마가 아이들의 이야기를 듣고 상황을 객관적으로 보려고 노력해야 한다. 엄마도 사람인지라 자신도 모르게 무의식적으로 선입견이 들어갈 수도 있지만, 아이들이 엄마를 신뢰하면 갈등이 생겼을 때 엄마가 중재를 하는 것에 불만이 없다.

사실 아이가 친구들 간의 불편함이 생겼을 경우에도 우리 아이 이야기만 듣고 판단하면 안 된다. 자신이 불리한 이야기는 절대 말하지 않는다. 앞뒤 설명은 자세히 하지 않고, 자신의 입장에서 억울하고 속상한 것만 이야기하기 마련이다.

엄마가 양쪽 설명을 듣고, 이런 상황에 싸우지 않고 해결할 수 있는 방법을 아이들에게 직접 한두 가지씩 이야기하게 해보자. 아이들이 적절한 대안을 제시하면 엄마가 중재를 해주어도 좋고, 의견이 없으면 엄마가 대안을 제시하여 아이들에게 선택하라고 해도 좋다. 무조건적인 엄마의 지시보다는 아이들이 해결안을 제시하거나, 대안을 선택할 때 자신이 결정한 것이라 생각하여 억울함이 덜하게 된다.

형제 간 싸움 중재 Tip

1. "누가 먼저 이야기할래? 엄마한테 상황을 좀 설명해줄래?" 하고 묻는다.

2. 두 아이의 상황을 모두 들은 후, 엄마가 듣고 이해한 내용 그대로 다시 한 번 요약하여 말한다(그 사이 아이들의 감정은 누그러진다).

3. 엄마가 볼 때 서로 이런 부분에서 입장이 다르고, 이런 부분에서 오해가 있었던 것으로 보인다고 객관적인 입장에서 '사실에 근거'하여 공정하게 말해준다.

4. 이런 상황에서 싸우지 않고 해결할 수 있는 방법을 아이들에게 직접 한두 가지씩 이야기해보도록 한다. 아이들이 적절한 대안을 제시하면 엄마가 중재를 해주고, 의견이 없으면 엄마가 대안을 제시하면서 아이들에게 선택하라고 해도 좋다.

5. 아이는 싸우지 않고 갈등을 해결하는 방법을 배운다.

한 초등학교 방과 후 미술시간에 이런 일이 있었다. 1학년 아이가 새로 산 미술재료를 장난삼아 2학년 형에게 "형, 이것 좀 잘라 줘"라고 부탁했다. 그래서 2학년 형이 살짝 가위집을 내주었다. 그랬더니 1학년 아이가 그 가위집을 시작으로 쓱싹쓱싹 모두 잘라버렸다.

1학년 아이는 집에 가서 엄마에게 "엄마, 이거 형이 잘랐어요"라고 말했고, 2학년 아이에게 물어봤더니 "그거 1학년 동생이 자른 거예요"라고 말했다.

사실 두 아이의 이야기가 모두 틀린 것은 아니다. 2학년 아이가 조금 잘랐고, 1학년 아이가 마저 잘랐기 때문이다. 이처럼 자신에게 유리한 부분만 어른에게 말한다.

그래서 양쪽 이야기를 모두 들어보고, 사실을 중심으로 상황을 파악하고 적절한 훈육을 하는 것이 매우 중요하다. 훈육 시에는 반드시 '마음 읽어주기, 감정 공감해주기'가 필수적으로 동반되어야 한다.

외동보다 형제자매가 있을 때 사회성은 더 발달된다. 내 것을 공유하는 것도 배우게 되고, 하고 싶은 것을 기다려야 하는 일도 더 많고, 안 하고 싶은 것을 해야 하는 경우도 생기기 때문이다. 엄마가 편애한다는 생각만 아이들에게 주지 않는다면 둘 또는 셋이 함께 자라는 것 자체가 관계형성능력을 익힐 수 있는 좋은 환경임은 말할 필요도 없다.

아이가 7~9살 정도 되면 수준이 마치 어른과 비슷할 것이라 착각한다. 절대로 그렇지 않다. 우리가 유치, 초등이었을 때 어떠했나를 조금이나마 생각해보면 지금 사고방식과는 완전히 다름을 이해할 수 있다.

형제든 자매든 친구 사이든 갈등이 있는 것은 당연한 것이다. 이러한 갈등을 경험하면서 입장과 관점이 다르다는 것을 배운다. 또한 갈등이 생겼을 때 어떻게 풀어나가는가도 배울 수 있다. 아이들이 성장하는 과정에 반드시 경험해야 하는 일들이다. 갈등을 어떻게 없애줄 것인가를 고민하지 말고, 이런 갈등이 생길 때마다 어떻게 지혜롭게 스스로 할 수 있는지를 고민해야 한다.

아이가 친구와
싸우고 왔을 때

아이가 학교에서 친구와 다투고 집에 억울하다고 화를 낸다. 친구가 먼저 놀리고 때려서 나도 그 친구를 놀리고 때렸다는 것이다. 그래서 선생님께 꾸중을 듣고 반성문을 쓰고 평소보다 늦게 집에 돌아왔다.

"네가 좀 참지 그랬어. 참지 못하고 왜 같이 싸웠어?"

하지만 이 아이는 이미 담임선생님께 충분히 훈육을 듣고 집에 돌아온 상태이다. 일단 먼저 아이의 마음을 읽어주자. 아이에게 상황을 충분히 설명하게 하고 그때의 감정을 물어본다. 아이가 억울하다고 하던지, 속상하다고 하던지, 짜증난다고 하던지 표현을 하면 일단 그 감정 그대로 인정해준다.

"너도 참고 싶었는데, 싸움은 안 하고 싶었는데 그렇게 되었구

나. 엄마도 그런 이야기를 들으니 속상해."

'엄마가 나의 마음을 알아주는구나'라고 느끼면 아이도 조금은 객관적으로 상황을 볼 수 있는 힘이 생긴다. 아이가 충분히 공감받았다고 느낄 때, 감정이 가라앉고 이성적이 되었을 때 앞으로 이런 상황이 또 벌어지면 어떻게 하면 좋을지를 물어본다. 아이의 생각을 들어보고, 이때 엄마가 해주고 싶은 이야기도 해준다.

아이의 감정이 빨리 가라앉으면 바로 이런 대화를 이어서 할 수도 있고, 여전히 흥분되어 있으면 시간을 두고 진정되었을 때 이야기하는 것이 좋다. 엄마의 말이 잔소리로 들리지 않게 차분하게 논리적으로 설명해주는 것이 좋다. 평상시에 서로의 감정계좌에 좋은 감정이 많이 쌓여 있다면, 아이가 자신을 비난하려고 하는 이야기가 아니라는 것을 안다.

우리는 아이가 더 현명하게 행동하고, 친구들과 관계도 좋고, 이왕이면 성적도 좋기를 바란다. 하지만 이 모든 것을 잘해내면 더 이상 아이가 아니다. 어른도 모든 방면에서 뛰어날 수 없다. 사회생활을 하다 보면 인간관계에 문제가 생기기도 하고, 더 좋은 성과를 내고 싶어도 일을 하다 보면 그렇게 되지 않을 때가 더 많다.

조금 더 잘하려고 노력하는 과정이 중요하다는 것을 강조하면 좋겠다. 아이들은 수없이 넘어지고 다시 일어나면서 하나씩 배워간다. 실수와 실패를 많이 경험할수록 더 단단하고 튼튼하게 성인이 된다는 것을 잊지 말자.

✍ 엄마는 늘 아이 편이라는 사실을 인식시켜 주자

친구를 만나러 갔는데 그 친구가 1시간이나 늦게 도착했다. 만나고 집에 돌아와 남편에게 친구가 1시간이나 늦어서 많이 속상했다고 이야기했을 때 "그 친구가 그럴 만한 사정이 있었겠지" 하면 더 화가 난다. 나도 그렇게 생각은 하지만 남편에게 그 이야기를 한 이유는 공감받고 싶어서다. 만약 남편이 "친구가 1시간이나 늦게 와서 기다리느라 힘들었겠다"라고 나의 입장에서 이야기해주면 오히려 내가 "그 친구도 그럴 만한 사정이 있었겠지"라고 하면서 친구 입장에서 생각하게 되고, 위로도 될 것이다.

남편이 퇴근하고 집에 돌아와서 회사에서 있었던 안 좋은 이야기를 한다. 그때 내가 남편에게 상대방의 입장을 이해하라고, 그 사람도 그럴 만한 사정이 있었을 거라고 이야기하면 남편은 더 화가 날 것이다. 아내에게 위로받고 싶은 거지 조언 들으려고 이야기한 것이 아니기 때문이다. 남편이 바깥에서 속상하고 억울한 이야기를 할 때 우리가 남편의 입장을 먼저 공감해준다면 집에 내 편이 있다는 것에 안도의 숨을 쉴 것이다.

아이도 집에 돌아와 어린이집(유치원, 학교)에서 있었던 이야기를 하는 이유는 위로받고 공감받고 싶기 때문이다. 그런데 객관적인 입장에서만 아이를 나무라면 더 이상 이야기하고 싶지 않은 마음이 생길지도 모른다.

어느 중학생의 이야기다. 학생이 잘못을 하여 선생님이 엄마를 학교로 오시라고 했다. 엄마는 교무실에 가서 자초지종을 듣고, 자존심을 다 내려놓고 아이의 잘못에 대한 용서를 구했다. 이런 상황에서 어떤 엄마라도 화가 나 아이를 훈계하고 싶은 마음이 먼저 들 것이다. 그런데 이 엄마는 교무실에서 나와 아들을 보는 순간, "너도 마음고생 많았지? 뭐 먹고 싶어? 맛있는 것 먹으러 가자"라고 이야기했다고 한다.

사춘기 아들이 엄마의 이 한마디에 펑펑 울면서 엄마에게 죄송하다 말씀드리고 그 이후로 마음을 다잡아서 학교에서 문제를 일으키지 않았다고 한다. 아이가 순간 잘못된 행동을 할 수도 있다. 하지만 엄마가 아이를 믿고 있음을 보여주고, 아이 편이 되어주면 다시 바른 길로 돌아오게 할 수 있다. 바르게 잘 큰 아이 뒤에는 엄마의 숨은 노력이 있음을 우리는 여러 사례를 통해서 배울 수 있다.

비행기가 미국 LA공항에서 출발하여 인천 공항까지 오는데 경로를 이탈했다가 다시 경로 안으로 들어오기를 약 99% 반복한다고 한다. 수없이 경로를 이탈하지만 결국은 약 12시간 40분만에 정확히 인천공항에 도착한다. 우리 아이들도 가끔은 주 경로에서 살짝 이탈할 수 있다. 하지만 결국은 주 경로 안으로 돌아온다. 아이는 부모가 믿어주는 만큼 자란다.

유치원, 초등학생도 마찬가지이다. 친구와 싸웠거나 말썽을 피웠다고 해도 엄마는 늘 아이 편이라는 사실을 아이가 알 수 있도록 해줘야 한다. 마음은 아이 편인데 행동은 그 반대인 것처럼 보일 때가 많다. 세상에 단 한 사람이라도 나의 모든 것을 받아줄 수 있는 사람이 있다면 그 아이는 행복하게 자랄 수밖에 없다. 엄마가 내 편이라는 신뢰가 쌓인 후에는 엄마가 상대방의 입장에서 훈계를 하더라도 수긍하고, 다음번에 다시는 그런 일이 생기지 않도록 스스로 노력할 것이다.

06

성취감을
키워주고 싶을 때

작은 일을 통해서 성취감을 키워줄 수 있다. 가정에서 할 수 있는 작은 일은 무엇일까? 가정마다 문화가 다르고 아이들마다 성향이 다르기 때문에 일괄적으로 말할 수는 없다. 하지만 성취감을 느끼게 하는 방법은 다양하다.

여행가방을 싸는 유치원생

보통 가족여행을 가면 엄마가 짐을 챙긴다. 그래서 여행지에 가서도

"내 수영복 어디 있어?"

"내 모자 어디 있어?"

"내 슬리퍼 어디 있어?"

가족들은 끊임없이 엄마에게 물어보고, 엄마는 계속 찾아준다. 하지만 각자에게 여행가방을 싸라고 하면 이야기가 달라진다. 무언가를 빠뜨려도 본인 잘못이기 때문에 불평불만을 하지 않게 된다.

아이가 7세 미만이면 물론 필요한 것을 모두 제대로 준비하지는 못할 것이다. 그럼에도 불구하고 어떤 가정에서 7세, 5세의 아이들에게 각자의 여행가방을 챙기라고 했다. 겨울에 여행을 가는데 5세 딸아이가 모래놀이 장난감과 튜브를 챙겼다. 엄마는 아이의 의견을 존중하여 가져가게 했지만 한 번도 사용하지 못하고 돌아왔다. 다음 해에 또 여행가방을 싸라고 하자 또다시 모래놀이 장난감과 튜브를 챙겼다. 그러면서 아이는 "지난번에는 사용 못했지만 이번에는 꼭 가지고 놀 거야"라고 이야기했다. 엄마는 짐이 되니 가져가지 말자고 하고 싶지만, 아이의 선택과 생각을 존중하고 온전히 아이가 느끼도록 기회를 주었다.

처음에는 어설프겠지만 가방을 챙기면서 '내가 여행 준비를 직접 한다'는 뿌듯함을 느낄 수 있다. 또한 여행지에 가서도 더 적극적으로 즐길 수 있다. 이런 경험들이 쌓이면 미리 여행지를 상상해보고, 무엇을 가져가야 하는지도 스스로 깨닫게 된다. 이 경험은 다른 일에도 확장될 것이라고 믿는다.

🖋 과일을 깎는 초등학생

보통은 엄마가 과일을 깎아서 씨를 빼고 작게 잘라서 예쁜 접시에 담아 포크와 함께 준다. 그런데 한 엄마는 초등학교 3학년인 아들이 단감을 워낙 좋아하니 한번 깎아 보겠냐고 제안을 했다고 한다. 다소 위험할 수도 있겠지만, 엄마 옆에서 조심조심 천천히 깎게 했다. 감의 크기는 거의 반으로 줄었다. 하지만 아이는 스스로 해냈다는 것에 매우 만족감을 느꼈다. 그 이후 조금씩 익숙해지고 점차 감의 크기가 커지는 만큼 성취감도 고조되었다.

남자의 경우 과일을 깎아보지 않으면 어른이 되어서도 잘 못한다. 우리 엄마들도 사실 처음부터 잘한 것이 아니라, 자주 하다 보니 잘하게 된 것이다.

무엇인가를 잘하는 비결은 '자주 해보는 것'이다. 작은 일을 해냈을 때 작은 성취감을 얻게 되고, 이러한 작은 성취감이 점점 쌓여 어렵고 큰일에 도전할 수 있는 힘을 만드는 것이다. 작은 일을 해내지 않고 절대 큰일을 해낼 수 없다. 우리가 계단을 오를 때도 단지 처음에는 한 계단을 올랐을 뿐인데, 오르다 보니 맨 꼭대기에 오를 수 있게 된 것이다. 우리 집에서 맛볼 수 있는 작은 성취감이 무엇일지 관찰하고 찾아보자.

🖋 요리를 통한 성취감

어느 집에서는 4살짜리 아이가 나물을 무친다. 엄마가 나물을 데치고 양념을 모두 넣으면, 아이가 손에 비닐장갑을 끼고 조몰락조몰락하는 것이다. 아이가 느끼는 그 즐거움을 상상해보자. 신나게 함께 요리하고 밥상에 그 나물이 올라오면 얼마나 맛있을까?

아이가 평소 잘 안 먹는 재료를 사용하여 함께 요리를 해보자. 편식하는 습관을 고칠 수 있다. 나물을 아이가 무치기 어렵다면 무칠 때 깨를 넣게 하거나, 썰어 놓은 파를 넣게 하면서 함께할 수도 있다.

계란을 풀거나 삶은 메추리알 껍질을 까면서 먹기도 하면 재미있는 활동이 될 수 있다. 돈가스를 만들 때는 빵가루를 묻히게 하고, 샐러드를 할 때는 플라스틱 칼로 과일과 야채를 썰 수도 있다. 또 아이가 잘 안 먹는 재료를 넣어서 함께 주먹밥을 만들면 자신이 만든 것이기 때문에 즐겁게 먹는다.

김밥을 아이들이 싸면 어설프지만 그래도 함께 만드는 것이 즐거워 야채도 골고루 먹을 수 있고, 김밥을 만드는 과정도 자연스럽게 체험할 수 있다. 쿠키를 만들 때도 다양한 모양을 만들어보자. 쿠키 반죽으로 자신만의 캐릭터를 만들어 보는 것도 또 다른 즐거움과 성취감을 맛볼 수 있다.

🖋 다양한 선택을 통한 성취감

유치원이나 학교에 갈 때 입을 옷이나 액세서리, 신발도 아이가 선택하게 하는 것이 좋다. 옷장에 그 계절에 입어도 되는 옷들만 걸어놓고 아이에게 원하는 것을 고르라고 하자. 보통은 엄마가 알아서 옷을 골라주고 액세서리도 챙겨준다. 하지만 아이에게 스스로 선택하라고 하면, 작지만 반복되는 경험을 통해서 자신만의 색깔이나 스타일을 알게 된다. 물론 아직은 너무 어리지만 무조건 엄마가 선택해 수동적으로 입는 것보다 스스로 생각하고 시도해볼 때 성취감이 높아질 수 있다.

엄마들은 더 잘 알고 더 잘하니까 무조건 도와주려고 한다. 물론 틀린 이야기는 아니다. 하지만 선택권을 한 번 더 줌으로써 더욱 자신감 있는 아이로 클 수 있는 가능성을 열어줄 수 있다. 누가 아는가? 이렇게 스스로 옷을 골라보고, 옷에 맞는 모자나 머리띠를 선택해 보면서 나중에 패션 감각이 뛰어난 아이로 자랄지.

외식하러 나갈 때 식당을 정하는 것도, 식당에 가서 메뉴를 정할 때도 스스로 골라보게 하고, 장난감을 살 때도 가이드라인을 알려주고 스스로 선택하게 해보자. 처음에는 어리둥절하고 불안해할지 모르지만, 이러한 행동이 반복되면 자신의 선택에 대한 믿음과 성취감이 자신감을 높여 자존감까지 올라갈 것이다. 아이들이 선택하고 결정하는데 시간이 좀 걸릴지는 모르지만, 뿌리가 튼튼한 건강한 나무로 성장할 수 있을 것이다.

📝 게임 규칙도 새롭게

장난감을 사면 처음에는 설명서를 따르고, 이후엔 새로운 규칙을 만들어보자. 엄마가 먼저 한 가지 시도해보고, 그 다음은 아이에게 새로운 방법을 만들어보라고 하자.

장난감 블록으로 쌓기 놀이만 하는 것이 아니라, 새로운 모양을 만들거나, 블록을 손가락으로 멀리 보내는 놀이도 할 수 있다. 또한 블록으로 도미노를 만들 수도 있고, 숫자놀이를 해볼 수도 있다. 한 가지 장난감으로 얼마나 다양하게 변형해서 놀 수 있을지 생각해보자. 한 가지 장난감으로 한 가지 놀이만 한다는 생각에서 벗어나 무궁무진한 방법으로 시도할 때 아이는 성취감과 동시에 창의력도 키울 수 있다. 집에 있는 재활용품을 활용하여 자신만의 장난감을 만드는 즐거움을 알면 일상이 행복한 아이로 자라게 된다.

초등학생들은 날씨가 추워서 밖에 나가지 못하는 겨울에 카드놀이를 많이 한다. 처음에는 정해진 규칙으로 해보고, 새로운 규칙을 정해 변형된 카드놀이를 하게 해보자.

아이들은 우리가 모르는 직업을 가질 것이고, 우리가 지금까지 한 번도 상상해보지 않은 새로운 업종에서 새로운 일을 하면 살아갈 것이다. 이때 필요한 것은 내적 성취감과 새로운 것을 과감히 시도할 수 있는 도전정신과 창의력이라는 것을 잊지 말아야겠다.

5교시

처음은 원래
힘들어요

♥ ♥ ♥

01

처음 하는
결혼생활

대학을 졸업하고 회사를 다니기 시작한다. 학교를 졸업한다는 것은 더 이상 시험과 리포트 제출이 없다는 의미인 동시에 내가 쓸 돈을 스스로 번다는 것을 의미한다. 매달 월급을 받으니 적금도 붓기 시작하고, 사고 싶은 것도 사고, 여행도 다니고, 취미생활도 하며 친구들도 맘껏 만난다.

자연스럽게 남자친구가 있는 친구를 부러워하고, 내 인생의 반쪽은 어디 있을까를 외치며 결혼도 기대하게 된다. 이 사람이 내 사람이라고 확신이 들면 핑크빛 신혼생활을 꿈꾸며 결혼을 결심한다. 많은 사람들의 축하를 받으며 결혼식을 올리고, 멋진 곳으로 신혼여행을 떠난다.

여기까지는 예상하던 대로 술술 잘 풀린다. 하지만 신혼여행에서 돌아오면 현실이 기다리고 있다. 처음에는 신기하고 설레이기도 하지만 점차 집안일이 쌓여가고 매번 밥을 직접 지어 먹는 것이 만만치 않은 일이라는 것을 깨닫게 된다. 집안일에 재미를 느끼는 사람도 있지만, 나 같은 경우는 생각보다 더 힘들었다. 일이 끝이 없고, 주말에도 쉴 수가 없었다. 이때조차도 결혼 전에 비하면 엄청 힘들다고 생각했는데, 아이가 태어난 후에는 모든 생활이 아이 중심으로 바뀌어 버린다.

부모님 세대는 육아가 엄마의 몫이라고 생각했다. 최근에는 아빠가 육아에 참여하는 가정이 늘어나고 있는 추세지만, 아직도 남편은 돈을 벌고, 엄마는 가정에서 살림과 육아를 하는 것이 일반적이다. 그래서 워킹맘인 경우는 더 큰 어려움이 있다.

아내가 하고 싶은 말, 남편이 하고 싶은 말, 아이들이 하고 싶은 말을 각자 입장에서 상상해서 편지를 써보았다.

✍ 대한민국 아내가 남편에게 쓰는 편지

퇴근하고 가정에 돌아오면 이렇게 해주세요.

아이의 엄마이면서 동시에 아내인 나를 무한 긍정으로 격려해주길 부탁해요. 나는 당신 한 사람 믿고 결혼해서 결혼 전 생활의 모든 것을 포기하고, 오직 살림과 육아에 헌신하며 하루하루를 보내고 있어요. 싱글 때처럼 친구도 만나고 싶고, 혼자의 시간도 갖고 싶고, 쇼핑도 하고 싶고, 돈도 벌고 싶지만 모든 것을 절제하며 살림하고 아이 키우는데 전념하고 있답니다.

아내이자 엄마인 나의 감정 상태가 매우 중요하니 가르치거나 조언하려 하지 말고, 마냥 사랑해주고 예뻐해주고 칭찬해주면 좋겠어요. 가정에서 하루 종일 아이와 시간을 보내면 지치고 힘든데, 저녁 때 당신이 퇴근하고 와서 위로해주고 격려해주면 힘이 날 것 같아요.

퇴근하고 집에 돌아오면 집안일도 좀 도와주고, 아이와 놀아주고, 나를 살림과 육아에서 쉴 수 있게 도와줘요. 하루 종일 말할 사람도 없고, 쉴 틈도 없어서 오로지 저녁 때 당신 퇴근하기만을 목이 빠져라 기다리고 있답니다. 오늘도 야근에 또 회식으로 밤늦게 들어온다고 하면 많이 화날 것 같아요.

사랑하는 나의 남편이여, 나 좀 도와주고 사랑해주면 안 될까요?

✍️ 대한민국 워킹맘이 남편에게 쓰는 편지

당신도 오늘 하루 수고 많았어요.

그런데 나도 오늘 새벽부터 일어나 내 출근 준비도 겨우 하고, 아이 깨워서 어린이집에 늦지 않게 데려다주고 회사에 출근했답니다. 처리해야 하는 일이 산더미 같아 어떻게 갔는지도 모르게 하루를 보냈어요. 퇴근하자마자 서둘러 데리러 갔는데도 우리 아이만 남아 있네요. 그 모습을 보면 괜히 미안하고 속상하답니다. 내가 계속 일을 하는 것이 맞는지 아니면 일을 그만두고 아이 키우는 것에 집중하는 것이 맞는지 모르겠어요. 집에 와서도 아이와 놀아주지 못하고 저녁 먹고 설거지하고 아이 씻기고 책 읽어주니 밤 10시가 넘었네요. 많이 피곤해요. 언제까지 이렇게 생활해야 하는지 마음이 무겁습니다.

사랑하는 나의 남편이여, 나 좀 도와주고 우리 해결방안을 함께 찾아보면 안 될까요?

✍ 대한민국 남편이 아내에게 쓰는 편지

퇴근하고 집에 돌아가면 이렇게 해주세요.

아침부터 저녁까지 하루 종일 상사 눈치 보랴, 부하직원 비위 맞추랴 스트레스 받으며 일하다가 파김치가 됩니다. 집에 돌아오면 솔직히 쉬고 싶고, 아무 생각 없이 TV 보고 싶고, 에너지를 충전하고 싶은 마음 가득합니다. 친구나 동료와 술 한잔 하면서 회사에서 쌓인 스트레스를 풀고 싶지만 자제하고 집에 일찍 귀가하려고 나도 노력하고 있어요.

나도 주말이면 취미생활 하고 싶고, 운동하고 싶고, 사고 싶은 것도 많지만 한 가정을 책임져야 하기에 참고 있습니다. 나는 돈을 버는 기계도 아니고 에너지가 항상 넘치는 것도 아니랍니다. 나도 감정이 있고, 집에 돌아오면 대접받고 싶고, 편하게 쉬고 싶어요.

결혼 전에는 퇴근하고 가면 귀한 아들 대접받고, 어머니께서 따뜻한 밥상 차려주시는 것 받고, 온전히 나만의 달콤한 휴식시간을 가질 수 있었는데 결혼 후에는 생각하지 못했던 상황이네요. 그래도 결혼 후에는 사랑하는 우리 가족을 위해서, 회사에서 하루 종일 스트레스 받더라도 잘 참고 일하고 있답니다. 하루라도 빨리 승진하려고 더 열심히 생활하고 있지요.

집에 돌아오면 나도 대접받고 싶습니다. 아이만 챙기고 남편인 나는 매번 뒷전인 것이 많이 섭섭하기도 하지요. 아내로부터 "당신이 최고!"라는 말도 듣고 싶답니다.

사랑하는 아내여, 나도 좀 챙겨주고 사랑해주면 안 될까요?

🖊️ 대한민국 아이가 부모님께 보내는 편지

엄마, 아빠 저도 저의 생각이 있어요. 제가 할 수 있는 것도 많아요. 혼자서 밥 먹을 수 있고, 옷 입을 수 있고, 양치할 수 있고, 장난감 정리, 책상 정리도 할 수 있습니다. 그런데 제가 하기 전에 엄마가 먼저 하니까 제가 할 기회가 없어요. 저는 더 놀고 싶은데 엄마는 자꾸 이거 하라 저거 하라 주문을 하시네요.

아빠는 퇴근하고 집에 오시면 저랑 많이 놀아주세요. 비행기도 태워주고, 말도 태워주고, 동화책도 재미있게 연극하듯이 읽어주세요. 주말에는 가족이 함께 외출해서 세상을 구경하게 해주세요.

'하지 말라'는 말보다는 '하라'는 말을 듣고 싶고, '못한다'는 말보다는 '잘한다'는 말을 듣고 싶어요. 무엇을 결정하기 전에 저에게도 선택할 권리를 주세요. 그리고 약속하신 것은 꼭 지켜주셨으면 좋겠어요. 화가 났을 때는 소리 먼저 지르지 마시고 제 이야기를 좀 들어주세요.

사랑하는 부모님, 나를 좀 믿어주고 사랑해주시면 안 될까요?

우리 모두는 각자의 입장이 있다. 자신이 가장 힘들게 느껴져 위로받고 싶고, 격려받고 싶고, 쉬고 싶다. 각자 자신의 삶을 헌신하며 가정을 이끌어가고 있다고 생각한다.

어떤 남편이 매일 아침 눈을 뜨면 아내에게 "고마워, 감사해, 사랑해"라고 말했다. 부인은 영혼 없는 립서비스에 불과하다고 무시하며 일상을 보냈다. 그런데 남편이 한 달 넘도록 매일 같은 이야기를 하는 것이다.

한결같이 말하는 남편의 진실이 전해지고 어느 순간 아내도 남편에게 똑같은 이야기를 건네게 되었다. 처음에는 말만 했지만 시간이 지날수록 진심으로 고맙고, 감사하고, 사랑하는 마음이 생겼다.

부부가 서로 이런 이야기를 해주니, 감정계좌에 상대를 신뢰하는 마음이 쌓이고, 나만 고생하는 것이 아니라 상대방도 애쓰며 노력하고 있다는 것을 깨닫게 되었다. 이런 가정은 행복할 수밖에 없

다. 부부가 감사하고 행복하다고 느끼면 그 온화한 감정이 고스란
히 전달되어 아이도 행복하다고 느끼게 된다.

02

처음 하는
육아

강의실에서 24개월 아이를 키우는 30대 엄마를 만났다. 대학생처럼 어려 보이고 예쁘셨다. 조금 일찍 오셔서 강의 전에 개인적인 이야기를 나눌 수 있었다. 이분의 이야기는 이랬다.

"결혼 전까지 주도적인 삶을 살았고, 좋은 남자를 만나 결혼했어요. 결혼 후 출산을 했는데, 아이를 키우는 일은 예상 밖으로 너무 힘들었어요. 결혼 전에는 아이를 키우고 살림을 하는 일상에 대해 구체적으로 생각해본 적이 없었죠. 어느 누구도 결혼생활에 대해서 또 출산과 육아에 대해서 진지하게 이야기해주지 않았어요. 조금이라도 마음의 준비를 하였다면 잘 받아들일 수 있을 텐데 모든 것이 당황스럽고, 나만 사회에서 고립된 것 같은 기분이 들기도 했어요. 그래서 임신을 하고 출산을 하고 살짝 우울증도 겪었어요."

상대적으로 남자들은 결혼 전과 후가 크게 달라지는 것 같지 않다. 결혼 전에는 엄마가 식사를 챙겨주고, 결혼 후에는 아내가 그 일을 대신해준다. 물론 한 가정의 가장이라는 무거운 책임이 있기는 하지만, 겉으로 보기에는 크게 달라져 보이지 않는다.

여자의 경우 내가 사랑하는 사람과 새로운 가정을 꾸리는 것은 좋지만, 그동안 해보지도 않은 살림을 한다는 것은 말처럼 그리 쉽지 않다. 그런데 여기에 갑자기 임신을 해서 아이가 태어나면 생활은 또 180도 달라진다.

육아, 결혼 전에는 상상할 수도 없는 일

아이가 방긋방긋 웃을 때는 너무 사랑스럽지만 그 시간은 정말 순간이다. 나의 시간은 하나도 없고, 혼연일체가 되어 아이와 24시간 붙어 있어야만 한다. 이 생활은 해보지 않은 사람은 도저히 알 수가 없다. 모두가 당연한 과정이라 말하고 누구나 하는 일인데 왜 유별나게 힘들어하냐고 한다. 이 세상의 엄마라면 모두가 하는 것이라고 나에게도 그냥 받아들이라고 말한다. 그래서 엄마들이 우울증이 걸리는지도 모르겠다. 내 삶을 잃은 것 같아서.

두 돌이 지나 아이가 말을 하기 시작하면 상황은 조금 나아지지만, 3돌 전후가 되어 자아가 생기고 고집을 피우기 시작하면 또 다른 어려움에 부딪힌다. 어떻게 응석을 받아주고 어디까지 훈육을 해야 하는 것인지, 공부는 어떻게 시작해야 하는지, 무조건 놀아만 주면 되는 것인지, 무조건 책만 많이 읽어주면 되는 것인지 등 어디에서도 이런 것을 가르쳐주지 않는다. 그래도 요즘 젊은 엄마들은 육아서를 읽기도 하고, 강의를 듣기도 하면서 나름 애쓰신다.

사회적으로 '결혼, 가정, 부부, 자녀교육'에 관한 강좌가 개설되어 체계적으로 배울 수 있는 곳들이 더 많아졌으면 좋겠다. 그래서 나는 현재 내가 하고 있는 일이 매우 가치 있다고 생각하며, 자부심을 느낀다. 조금이라도 먼저 걸어온 선배맘이 후배맘들의 고충을 들어주고 함께 더 나은 방법들을 찾아갈 수 있도록 돕고 싶다.

육아를 처음 하는 엄마들에게 무수히 많은 질문들이 쏟아진다.
"어떻게 주도적인 아이로 키울 수 있을까?"
"어떻게 아이가 좋아하고 잘하는 것을 찾을 수 있을까?"
"무엇을 우선순위에 두고 키워야 할까?"
"어디까지가 부모의 역할일까?"
"워킹맘인 내가 아이를 잘 키울 수 있을까?"
"아이를 위해 잠시 내 일을 쉬어야 할까?"

정답은 없다고 하지만, 나와 내 아이를 위하여 최선의 방법을 찾고 노력하는 것이 육아다. 사실 한 번도 해보지 않은 일이라 두렵고 힘들지만, 우리의 부모님이 5~6명을 잘 키우셨듯이 우리도 아이들을 잘 키울 것이라고 확신한다. 힘겹지만 더 좋은 엄마가 되고자 하는 젊은 엄마들에게 두 손 꼬옥 잡아드리며 힘내라고 말씀드리고 싶다.

03

양육태도의
대물림

여기 각기 다른 환경에서 자라 부모가 된 사람들이 있다. 그들의 이야기를 들어보자.

\<A사례\>

부모님이 자주 다투고, 매를 드는 등 따뜻함을 느낄 수 없는 환경에서 자란 엄마가 있다. 그래서 이 엄마는 자신이 결혼을 하면 절대로 아이이게 큰 소리로 화내지 않고, 최대한 아이가 원하는 것을 들어주겠다고 다짐하면서 컸다.

그녀는 아이의 의견에 무조건 예스를 했다. 꾸지람을 많이 듣고 자랐던 기억이 너무 싫어서, 무조건 아이의 의견에 따르는 것이 좋은 엄마라고 생각한 것이다.

야채를 안 먹겠다고 하면 먹이지 않고, TV를 더 보겠다고 하면 더 보게 했다. 엄마는 이것이 아이에 대한 사랑이라고 착각했다. 그런데 이렇게 육아를 하니 아이는 편식이 매우 심했고, 자신이 하고 싶은 일은 무조건 해야 됐기 때문에 또래 집단에서도 문제가 발생했다. 조금만 자신의 마음대로 되지 않으면 떼를 쓰고 화를 내는 경우가 빈번해졌다. 작은 스트레스도 이겨낼 힘이 없었다.

솔루션

엄마가 되는 것과 안 되는 것을 구별하여 조금 더 단호하게 아이에게 알려주어야 한다. 아이가 안 먹겠다고 하는 음식은 잘게 썰어서 다른 음식과 섞어 그 맛이 강하게 드러나지 않게 하고, 음식을 만드는데 참여시켜 본다. 그러면 아이가 음식에 대한 태도도 달라지고, 자신이 함께 만든 음식이라는 자부심에 더 잘 먹게 된다.

육아는 참 어려운 일이다. 하지만 우리 모두는 초보이기에 어설플 수밖에 없다. 힘든 부분을 서로 나누며 먼저 키운 분들의 사례를 들어보고, 공부하며 조금씩 노력하다 보면 아이도 바르게 성장하고, 그러면서 엄마도 더 성장하게 된다.

\<B사례\>

폭력적인 엄마와 무관심한 아빠 밑에서 자란 엄마가 있다. 부모에 대한 원망 때문에 늘 괴로웠는데 결혼해서 자신도 모르게 아이를 폭력적으로 대하고 있었다. 누구보다 좋은 부모가 되겠다고 다짐했는데, 평상시에는 잘 지내다가도 자신의 컨디션이 안 좋으면 5살 된 아이를 때리기도 하고, 필요 이상으로 소리를 지르며 화를 낸다.

솔루션

자신의 그런 모습이 너무 두렵고 싫어서 전문가의 도움을 받기로 마음먹었다. 도움을 받는 과정에서 자신의 '내면아이'를 만나게 되었고, 그 아이를 위로해주고 따뜻하게 안아주면서 변화가 나타나기 시작했다. 남편에게도 상황을 설명하고 도움을 요청하면서 마음의 평안을 찾게 되었다. 엄마가 마음의 평안을 찾으니 가정은 더욱 편안해졌고, 부부관계도 아이를 대하는 태도도 개선되었다.

우리 모두는 내면아이를 가지고 있다. 단지 인식하느냐 인식하지 못하느냐의 차이일 뿐이다. 나 자신이 육아를 하면서 유난히 힘들어하는 부분이 무엇인지 유심히 살펴보자. 그리고 내가 성장했던 과정에서 어떤 부분과 연관이 있는지 곰곰이 생각해보자. 내면아이를 만나기 위한 혼자만의 하루 여행도 권하고 싶다. 오로지 삶을 뒤돌아보며, 나 자신과의 대화로만 하루를 보내는 것이다. 노트와 펜을 가지고 가는 것도 좋다. 내면아이를 만났다면 위로하고 안아주자. 편안함을 느끼면 아이를 대하는 나의 태도에도 변화가 일어난다.

<C사례>

어려서부터 부모님이 모든 것을 알아서 해주는 가정환경에 자란 아빠가 있다. 공부에서부터 친구를 사귀는 것, 대학도 전공도 부모님의 조언이 많은 영향을 미쳤다. 그런데 대학을 졸업하고 사회생활을 시작하자 문제가 생겼다. 그동안 너무나 스스로 해본 것이 없어서 작은 일도 결정하기가 힘들었다.

사회에 나와 어느 것 하나 혼자서 수월하게 할 수 있는 것이 없다는 사실을 깨닫게 되자 부모님에 대한 원망이 생기기 시작했다. 그래서 이분은 아이들에게 가능한 한 YES보다는 NO라는 말을 더 많이 하고, 뭐든지 아이들에게 알아서 하게끔 했다. 아직은 아이가 어리고 돌봄이 더 필요한데 너무나 일찍부터 아이에게 모든 것을 스스로 하라고 하니, 혼란과 불안한 마음이 커 매사 부정적이고 불안함을 보인다.

솔루션

이 아빠는 부모님으로부터 주장하고 선택하는 방법을 훈련받지 못했다. 지금이라도 아내가 남편의 이야기를 존중해주고 작은 것이라도 남편이 직접 결정하도록 도와주는 것이 좋다. 결과가 어떻든 아내는 남편이 결정하고 책임지는 것에 익숙해질 때까지 기다려주고 끊임없이 격려해 주어야 한다. 아빠가 이런 과정을 통해서 더 이상 선택이 두렵지 않다고 느끼고 성취감을 느끼면, 아이에게도 선택할

수 있도록 기회를 주고 기다려줄 것이다. 아내의 현명한 도움이 중
요하다.

이렇듯 우리는 어떠한 환경에서 자라는가에 따라 이것을 그대
로 또는 정반대로 대물림하여 아이를 양육한다. 그래서 바른 가정
문화를 형성하고, 부부가 함께 사랑을 바탕으로 아이에게 독립심
을 길러주고, 적절하게 훈육을 하는 것은 너무도 중요한 일이다.
바른 가정에서 자란 아이가 바른 성인이 되고 바른 가정을 만든다.

아이가 중학교에 가서 소위 문제아라고 불리는 친구를 사귄다
면 어떻게 하겠는가? 대부분의 부모님들이 그런 친구와 어울리
지 말라고 말할 것이다. 하지만 내가 아는 한 부모님은 그렇지 않
았다. 아들의 친구로 인정해주고 존중해 주었다. 집에 데리고 오게
해서 밥도 해주었다. 결국 모두 바른 성인으로 자랄 수 있었다. 오
히려 아이의 선택을 믿어주고, 자율권을 더 많이 주자 성인이 되어
서도 더 책임감 있게 자신의 진로를 찾아갔다.

양육태도가 대물림된다고 하지만 그것을 인식하고 노력하면 충
분히 변화시킬 수 있다. 우리 아이가 어떤 성인으로 자라길 기대하
는가? 부모가 정신적 육체적으로 건강해야 가정이 건강하고, 아이
도 건강하게 키울 수 있다.

앞으로는 더욱더 많은 기계와 시스템으로 세상이 움직일 것이

다. 그 가운데 인간의 따뜻한 마음과 평화가 자리 잡을 수 있기를 간절히 바란다.

04

부모의
4가지 유형

존 가트맨(John Gottman) 박사의 연구에 의하면 부모들의 양육 태도는 크게 다음 4가지 유형으로 나뉜다고 한다. 대부분 4가지 유형을 모두 가지고 있지만, 특히 급할 때 나오는 행동이 부모의 성향이라고 볼 수 있다. 4가지의 유형은 축소전환형, 억압형, 방임형, 그리고 감정코칭형이다.

1. 축소전환형(Dismissing)

축소전환형은 아이의 감정을 인정해주지 않고 다른 상황으로 급하게 전환하는 것이다. 예를 들면 아빠는 아이가 깨기 전에 일찍 출근을 한다. 아이가 아침에 일어났더니 아빠가 보이지 않자 마구 짜증을 낸다. 엄마는 다른 것으로 관심을 돌려 아빠에 대한 생각을 잊게 하려고 노력한다. 아이가 좋아하는 사탕을 준다든지, 이번 주말에 멋진 곳에 놀러가자고 한다든지, 평소 좋아하는 영상을 보여주며, 현재 아이의 감정은 무시하고 기분을 즐겁게 전환하는 것에만 초점을 둔다. 아이의 슬픈 감정은 존중받지 못하고 그냥 묻혀버리고 만다.

이때에는 아이가 아빠를 보고 싶어 하는 마음을 공감해주고 받아주어야 한다. 그 이후에 기분 전환을 위해서 아이에게 무엇을 하면 좋을까 물어보자. 아이가 적절한 대답을 할 수도 있고, 안 할 수도 있다. 하지만 아이가 자신의 감정을 위로받았다고 느끼면 화가 나거나 짜증 나는 것이 다소 누그러지게 된다.

TV를 보다가 아이가 갑자기 광고에 나오는 장난감을 사러 가자고 보챈다. 엄마가 아이의 사고 싶은 마음을 공감해주고, 지금은 마트가 문을 닫은 시간이라 살 수 없다고 설명을 먼저 해주자. 그럼에도 불구하고 아이가 계속 울면서 고집을 피우면 아이에게 물어보자.

"엄마가 이렇게 설명을 해도 고집을 피우니 엄마가 어떻게 해야 할지 모르겠네. 지금 엄마가 어떻게 도와주면 좋을까?"

그리고 잠시 기다려보자.

2. 억압형 (Disapproving)

억압형은 아이의 감정을 힘으로 또는 강제로 억압하는 것이다. 예를 들면 아이가 집에서 보드게임을 하다가 져서 울었다. 그런데 아빠가 이렇게 말한다.

"그런 작은 일 가지고 남자가 울면 앞으로 어떻게 큰일을 하겠어?"

또는 남동생이 때려서 누나가 울고 있는데 엄마가 이렇게 말한다.

"동생이 살짝 때린 것 가지고 누나가 울면 어떡해?"

게임에 져서 억울하고, 동생이 때려서 아파서 우는데 부모가 무조건 울면 안 된다고 말하면 큰 상처를 받게 된다.

5살 아이가 밤에 불을 끄고 자려고 하는데 갑자기 "엄마, 귀신 나올 것 같아 무서워"라고 이야기한다. 그러면 어른들은 귀신이 없으니까 그냥 자라고 한다. 아이가 귀신이 나올 것 같아 두려워하는 감정을 한번만 알아주고 그 다음에 우리가 하고자 하는 말을 전해보자.

아이는 먼저 자신의 감정을 위로받고 싶어 한다. 아파서 우는지, 슬퍼서 우는지, 억울해서 우는지, 두려워서 우는지 충분히 그 감정을 느낄 수 있도록 묻고 기다리고 안아주어야 한다.

감정을 공감받아본 아이는 자신의 감정을 잘 알아차린다. 자신의 감정을 알아차리고 표현할 수 있어야 나중에 분노 조절도 가능하고, 타인의 감정도 읽을 수 있게 된다. 먼저 감정을 읽어주고 난 다음에 훈육해도 늦지 않다. 아이가 공감받았다고 스스로 느끼면 그 이후에는 자신의 행동에 대해서도 옳고 그름을 판단할 수 있다.

주말에 약속이 있어서 가족이 함께 외출해야 하는데 아이가 TV를 보면서 안 가겠다고 고집을 피운다. 그냥 TV를 끄고 억지로 아이를 데리고 나갈 수는 있다. 하지만 아이는 한동안 화난 표정으로 있을 것이다. 이럴 때는 아이와 대화를 시도해보자.

"○○가 이 프로그램이 보고 싶구나. 하지만 지금은 나가야 하니까 다른 방법을 찾아보자. 이건 다시보기로 볼 수도 있고, 유튜브로 볼 수도 있어. 아니면 녹화해서 외출을 다녀와서 보는 건 어때?"

이렇게 대안을 제시하면 아이도 그 대안 중 하나를 선택하고 부모와 함께 외출할 것이다. 자신의 욕구를 존중받으면 내면이 건강한 아이로 성장하게 된다. 우리는 선생님이 아니라 부모임을 잊지말자. 옳은 것을 가르쳐야 한다는 강박이 우리 안에 있다. 아이의 마음을 읽어주고 아이가 원하는 것과 부모가 원하는 것을 절충할 수 있는 대안을 함께 찾아보자.

3. 방임형(Laissez-faire)

방임형은 무엇이든 허락하는 것이다. 다소 무리하더라도 다 받아주는 경우이다. 예를 들면 아이가 1시간 동안 밥을 먹어도 기다려주고, 아이가 심하게 편식을 해도 나중에 변하겠지 하면서 그냥 넘어간다. 이렇게 가정에서 부모가 양육하면 아이는 매우 자기중심적이 된다.

이런 아이는 친구들과 어울릴 때 마음대로 되지 않으면 쉽게 짜증을 내고 화를 낸다. '크면 좋아지겠지'라고 막연히 생각할지 모르지만 어려서부터 가정에서 바로 잡아주지 않으면, 아이는 어디에서도 배울 기회가 없다. 오히려 다른 사람이 자신과 다르게 생각하거나 행동하면 분노를 느낀다. 자신이 하고 싶은 것을 절제해야 되고, 안 하고 싶은 것도 해야 한다는 것을 배울 수 있는 곳이 가정이다. 가정에서 기본적인 규칙을 배우는 것이 학교나 단체 생활에 적응하는데도 중요한 부분이다. 이는 나중에 학습적인 부분과도 연관성이 있다.

4. 감정코칭형(Emotion Coaching)

4살 아들이 거실에서 아빠와 열심히 레고로 로봇을 만들었다. 안방에 있는 엄마에게 자랑하고 싶어서 들고 오다가 넘어졌다.

"으앙~ 엄마 미워!"

안방에 있던 엄마는 "엄마는 아무 잘못도 없는데, 왜 엄마한테 밉다고 해!" 하며 더 큰소리로 아이를 제압한다. 아이는 엄마에게 어떤 말을 듣고 싶었을까? 아마도 위로받고 싶었을 것이다. 속상하고 억울한 감정을 잘 표현할 수 없어서 울면서 그렇게 말했던 것이다.

감정코칭형은 가장 이상적인 유형이다. 아이가 어떤 행동을 했을 때 일단 감정을 먼저 읽어주고, 잠시 후 감정이 누그러졌을 때 그 상황을 객관적으로 바라볼 수 있도록 부모가 대화를 이끌어가는 것이다. 이렇게 감정코칭형으로 아이를 키우기 위해서는 부모가 먼저 자신의 감정에 대해서 읽을 수 있어야 한다. 사실 이론은 알아도 실제 상황에서 실천이 어렵다. 여러 가지 원인이 있을 것이다.

1. 부모가 나를 이렇게 키우지 못했다.

우리 부모님들은 먹고 사는 것이 너무나 힘드셨기 때문에 우리의 감정을 읽어주고 공감하는 과정을 배우지도 못하셨고 할 여유도 없었다.

2. 이론을 배웠다고 해도 실제 상황이 되면 화가 난다.

배운 이론은 전혀 생각이 나지 않고, 생각이 나더라도 마음의 여유가 생기질 않는다.

제일 먼저 해야 할 일은 자신의 감정을 읽는 것이다. 화가 났다면 왜 화가 났는지 나의 내면에게 물어보자. 미국과 캐나다의 사거리에는 STOP사인이 있다. 그 사인을 보면 무조건 멈추어야 한다.

도로 주변을 살피고 먼저 도착한 차가 먼저 출발한다. 처음에는 이러한 운전문화에 적응하기가 어려웠지만, 나중에는 오히려 매우 안전하다고 느껴졌다. 그때부터 습관이 되어 나는 요즘도 동네에서 운전할 때 작은 사거리에서 가능한 잠시 멈췄다가 사방을 살피고 다시 출발한다.

우리도 감정이 올라오면 일단 STOP사인을 보내고 지켜보자. 3초간 깊은 숨을 내쉬면 나의 감정을 알아차리고, 나의 내면과 3초간 대화를 한 후에 아이에게 이야기해보자. 아이는 부모가 화났을 때 하는 행동을 보며 배운다. 사회적으로 일어나는 묻지마 사건들이 '6초의 쉼호흡'을 하면 일어나지 않는다고 한다. 감정이 가장 격해졌을 때 STOP사인은 우리의 인생을 바꿔줄 수도 있다.

다음은 감정코칭을 받은 7세 아이의 대화이다. 남자아이는 배트맨 놀이를 하자고 했고, 여자아이는 소꿉놀이(엄마, 아빠 역할극)를 하자고 했다. 그랬더니 남자아이가 이렇게 제안하는 것이 아닌가?

"그러면 내가 배트맨 아빠 할게, 네가 배트맨 엄마 해."

감정코칭형 부모가 되기 위해서는 먼저 자신의 감정을 알아차리고, 그 감정에 공감하는 훈련을 충분히 해야 한다. 나는 나이가 들면 모두 성숙한 어른이 되는 줄 알았다. 결혼하고 엄마가 되면 성숙해지고 생각도 깊어지고 참을성도 많아지는 줄 알았다. 살아보니 저절로 성숙한 어른이 되는 것이 아니었다. 그리고 주변의 어른들이 모두 존경스럽고 성숙하다고 생각되지 않는다. 우리가 좋은 부모, 바른 부모, 성숙한 어른이 되기 위해서는 자신이 먼저 노력해야 한다는 것을 깨달았다.

05

지금
행복하신가요?

엄마들에게 아이로 인해 가장 행복했던 순간을 물어보면 대체로 이렇게 이야기하신다.

첫째, 처음 임신이라는 사실을 확인했을 때

둘째, 아이가 태어나서 내 품에 안겼을 때

셋째, 엄마, 아빠라고 처음으로 말했을 때

넷째, 처음 걷기 시작했을 때

다섯째, 초등학교에 입학했을 때

이런 이야기를 할때 엄마의 표정이 얼마나 행복해 보이는지 모른다.

강의시간에 나는 또 엄마들에게 이런 질문을 한다.

질문: 요즘 하고 싶은 일 한 가지만 이야기해 보세요. 아이와 관련된 것 말고, 오로지 내 자신을 위해서만요.

대답: 다이어트 하고 싶어요.

질문: 다이어트 하면 무엇이 좋은가요?

대답: 예쁜 옷을 입을 수 있어요.

질문: 예쁜 옷을 입으면 무엇이 좋은가요?

대답: 자신감 있어 보이고 기분도 좋아요.

질문: 자신감 있어 보이고 기분도 좋으면 무엇이 좋은가요?

대답: 외모에 자신이 생기니 마음도 더 당당해지는 것 같아요.

질문: 외모에 자신이 생겨서 마음도 더 당당해지면 무엇인 좋은가요?

대답: 내 자신이 행복하잖아요.

이렇게 네다섯 번에 거쳐 '그래서 무엇이 좋은가요?'를 물어보면 결국 대부분의 사람들은 '행복해져요'라는 대답이 돌아온다.

요즘 초등학교 교실에서 지향하는 바는 다음과 같다.

'질문이 있는 교실'

'토론이 있는 교실'

'우정이 있는 학교'

'행복한 삶'

모두가 마음속 깊은 곳에 행복해지고 싶다는 욕망을 가지고 있다. 하지만 행복하다고 느끼는 순간보다 힘든 순간이 더 많다고 느끼는 엄마들이 대부분이다. 감정은 정지해 있지 않고 항상 움직인다. 그 변하는 감정을 잘 읽을 수 있고 행복한 감정에 오래 머무를 수 있다면 인생이 훨씬 행복하다고 느낄 것이다.

엄마의 감정을 아이는 누구보다 예민하게 또 직감적으로 느낀다. 엄마가 편안하고 행복하다고 느끼면 아이도 평화롭다. 만약 엄마가 불안해하면 아이는 그 감정을 고스란히 받아들인다. 엄마가 자신의 삶에 대해서 만족하지 못하고 불만 가득하게 지내면 아이도 세상이 온통 불만스럽게 느껴진다.

미국의 심리학자 다니엘 골먼에 의하면 옆 사람이 느끼는 감정을 나도 느끼게 된다고 한다. 이를 '거울 뉴런'이라고 하는데, 감정은 전염된다는 것이다. 그래서 마음이 편안한 부모를 만나보면 아이의 표정이나 행동도 편안하다. 반면 말이 거칠고 급하고 화를 잘 내는 부모를 만나보면 그 아이들 역시 같은 성향을 보인다.

부모가 행복할 때 어떻게 행동하는지, 부모가 슬플 때 어떻게 행동하는지 보면서 아이도 그런 감정이 들 때 거울처럼 같은 행동을 하게 된다. 그래서 '엄마가 행복해야 아이도 행복하다'는 이야기를 하는 것이다. 엄마는 불안하고 불평이 많은 삶을 살면서, 우리 아이가 행복하게 자라기를 바라는 것은 밭에 콩을 심고 팥을 수확하기를 바라는 것과 같다.

"우리 아이가 행복하고 건강하게 자랐으면 좋겠어요"라고 이야기하면 나는 이렇게 여쭈어 본다.

"지금 엄마는 행복하신가요?"

우리 아이로 인해 행복했던 순간들을 자주 떠올리면 힘든 시간을 극복할 수 있을까? 각자가 힘들다고 느낄 때 무엇을 하면 도움이 되는지 잠시 생각해보자. 단순히 참고 넘기는 것은 어느 순간 폭발할 수 있기 때문에 어떻게 해소할 것인가를 찾아야 한다. 엄마인 내가 행복하려면 무엇을 해야 할까? 무엇이 필요할까를 생각해보는 것이 우선이다.

아이에게 감정이 어떠한지 물어보자

"지금 기분은 어때?"

아이가 고집을 피우며 울면 뚝 그치라고 소리치지 말고, 아이의 행동과 감정을 읽어주고 잠시 기다려주자. 아이가 폭발하듯이 멈추지 않고 우는 경우, 엄마는 우는 소리를 듣는 것이 너무 괴롭지만 아이에게 울음을 그칠 때까지 기다리겠다고 말하고 시간을 주어야 한다. 아이가 조금 컸다면 엄마가 잠시 옆방에 가서 기다리는 것도 하나의 방법이다.

아이가 울지는 않지만 화가 난 경우, 어떻게 아이의 감정을 차분하게 만들 수 있을지 다양하게 시도해본다. 잠시 기다려주는 것도 하나의 방법이고, 매트 위에서 잠시 점프를 하게 할 수도 있다. 화난 감정을 풀 수 있는 것들을 시도해보고 누그러지면 그 상황을 엄마가 아이에게 이야기해준다.

"아까는 많이 화나서 울고 소리를 질렀는데, 지금은 화가 가라앉은 것처럼 보이네, 맞아?"

"어떻게 하니까 화나는 기분이 조금 가라앉았어?"

아이에게 사진 찍듯이 화났을 때의 모습을 설명해준다. 그리고 어떠한 과정을 통해서 화난 감정이 가라앉았는지 설명해주고, 아이에게도 물어봐서 스스로 느끼게 도와준다.

엄마가 자신의 감정을 먼저 잘 읽을 수 있으면 아이의 감정도 잘 읽어줄 수 있다. 엄마가 자신의 감정이 어떠한지 잘 알아차리지 못하면 다른 사람의 감정도 읽어줄 수 없다.

엄마도 아이도 행복해지기 위해서는 자신의 감정을 읽고 감정의 흐름을 인식할 수 있어야 한다. 엄마와 아이의 행복을 위해서는 엄마 먼저 행복의 감정을 알아차리고 충분히 느껴야 한다. 엄마의 행복한 감정이 아이에게도 전달되면 아이도 행복한 바이러스를 내보낼 것이다.

6교시

대한민국 엄마들에게

– 행복한 육아를 위하여

01

아이와 나무의
공통점

육아란 무엇일까?

육아의 의미는 무엇일까?

육아는 나무를 심고 키우는 과정과 닮았다. 커다란 나무도 작은 묘목에서부터 시작한다. 작은 묘목을 심고 뿌리가 자리를 잡을 때까지 물도 주고 쓰러지지 않게 옆에 막대를 꽂아서 매주기도 한다. 어느 정도 크면 더 튼튼히 자라도록 가지치기도 해준다.

나무를 심기는 하지만, 나무를 키울 수는 없다. 아이를 열 달 동안 엄마의 배 속에서 잘 자라게 하고, 세상에 태어나서도 36개월까지는 많은 것을 옆에서 도와준다. 하지만 그 이후에는 옆에서 아이를 지켜봐주고, 믿어주고, 기다려주고, 도움이 필요하다고 손을 내밀 때 그 손을 잡아주는 것이 육아이다.

나는 우리 집에서 3남 2녀 중 막내이다. 오빠 셋과 언니 한 명과 함께 자랐다. 막내인 나까지 결혼하고 나서 우리 부모님은 고향으로 귀농하셨다. 처음에는 집을 짓고 작은 텃밭을 가꾸다 점차 밭이 커지면서 다양한 작물과 나무를 심으셨다. 우리 식구들은 각 묘목에 태어난 아이들의 이름을 붙여 심었다. 그때쯤 우리 아이가 태어났는데 19살이니 그 나무의 나이도 거의 20살이 다 되어간다. 처음에는 그 묘목이 건강한 나무로 자랄 수 있을까 염려도 했지만 시골에 갈 때마다 그 나무를 보면 너무도 건강히 잘 자라고 있어 기쁘다. 딱히 잘 돌봐주거나 물을 자주 주거나 거름을 많이 주지도 못했는데 잘 자라고 있음이 신기하고 감사하다.

육아를 할 때 너무 잘하려고 하면 오히려 방해가 된다. 나무도 처음에 빨리 잘 자라게 하려고 물을 너무 많이 주거나 거름을 과하게 주면 오히려 뿌리가 썩어서 제대로 자랄 수가 없다. 꼭 필요한 만큼 적당히 주어야 나무가 건강히 잘 자란다. 나무가 어느 정도 자라고, 뿌리가 땅에 깊숙이 내리고 나면 더 이상 우리가 할 일이 없다. 그저 자연의 태양과 하늘에서 내리는 비로 무럭무럭 더 멋있는 나무로 자란다. 단지 가끔 더 위쪽으로 자라도록 가지치기를 해줄 뿐이다.

우리가 육아를 할 때 너무 과하게 물을 주고 거름을 주는 것은 아닌지 생각하게 된다. 그렇게 하면 아이는 땅으로 단단히 뿌리를 내릴 수가 없다. 중간에 태풍이 불거나 가뭄이 오면 이런 나무는 버틸 수가 없다. 아이는 어떠한 날씨와 자연환경에도 거뜬히 버틸 수 있는 나무처럼 성장해야 한다. 온실의 화초는 너무 연약하여 세상 풍파를 견딜 수가 없다. 들판의 잡초처럼 자랄 때 어떠한 환경에서도 이겨낼 힘이 생긴다.

대나무의 이야기도 우리에게 힘을 실어준다. 대나무가 처음에는 땅속에서 매우 더디게 자라서 크는 모습이 눈에 보이지 않는다고 한다. 그런데 일단 땅 위로 올라오면 급속도로 성장한다. 아이가 어릴 때는 대나무가 땅 속에서 세상에 나올 준비를 하는 과정이라 생각해보자. 재촉하지 않고 옆에서 꼭 필요한 도움만 주면 그 다음부터는 저절로 잘 자라게 된다. 이렇게 잘 자라는 나무를 우리의 의도대로 바꾸려고 하는 것은 아닌지, 아이에게 너무나 많은 것을 기대하는 것은 아닌지 생각해보자.

🌱 아이 나름의 역할과 멋이 있음을 확신하자

단풍나무를 심으면 그 나무는 단풍나무로 성장할 것이고, 버드나무를 심으면 버드나무로 클 것이다. 그런데 부모 자신은 버드나무이면서 옆에 서 있는 단풍나무를 부러워하고, 또 소나무를 부러워하며 아이가 단풍나무나 소나무로 성장하기를 욕심내기도 한다.

'단풍나무'는 가을이 되면 온 세상을 화려한 빛깔로 물들여 우리를 기쁘게 해준다. 작년 늦은 가을에 남편과 화담숲에 다녀왔다.

반나절 나들이를 갔다온 것뿐이데, 얼마나 마음이 상쾌하고 기분이 좋았는지 모른다. 2시간 정도를 걸으면서 끝없이 펼쳐지는 가을 풍경은 크나큰 선물이었다.

'단풍나무'는 겨울이 되면 잎이 다 떨어져 매우 초라해 보인다. 봄과 여름이 오면 잎이 나고 무성해지다가 가을이 되면 갖가지 아름다운 천연색으로 변하면서 우리에게 즐거움을 선사하고 행복하게 해준다. 우리 아이도 언제 자신의 재능을 더 발휘할지 모른다. 각자의 시간에 맞게 가장 화려하게 변신하는 시기가 올 것이다.

'버드나무'를 생각하면 나의 학창 시절이 떠오른다. 학교 운동장 가장자리에 버드나무가 줄지어 있었다. 여름이 되면 그 버드나무 밑은 여학생들의 수다 장소로 항상 붐볐다. 요즘에는 카페가 많아졌지만, 내가 학교를 다닐 때에는 특별히 여학생들이 모여서 수다를 떨 만한 장소가 없었다. 한 여름에 버드나무가 만들어주는 그늘은 지금도 그립다. 바람이라도 불면 그 버드나무 소리가 지금도 귀에 선명하게 들리는 듯하다. 여학생들의 깔깔거리는 웃음소리와 함께.

'소나무'는 겨울 스키장을 생각나게 한다. 겨울에도 자태를 뽐내며 버젓이 서 있는 그 모습이 참 보기 좋다. 스키장에 가면 하얀 눈으로 온 세상이 덮여 있어서 기분이 좋아진다. 리프트를 타고 정상을 오르면 다른 나무들은 모두 잎이 떨어져 앙상한데, 소나무만큼은 추위도 모르는 채 푸르름을 선사하며 우리에게 또 다른 기쁨과 즐거움을 더해준다.

아이들도 우리에게 주는 기쁨이 모두 다르다. 같은 부모에게서 태어났는데도 어찌 그리 한 명 한 명이 다른지 모른다. 우리 집 5형제도 각각 특성이 다르고, 부모님께 효도하는 방법도 모두 다르다.

아이가 어떠한 나무로 성장하든 그 나름의 역할과 멋이 있음을 확신하자. 부모가 단풍나무라면 아이도 단풍나무과로 성장하며 화려함을 자랑할 것이다. 부모가 버드나무라면 아이도 버드나무과로 힐링 장소를 제공할 수 있는 여유로움이 있을 것이다. 부모가 소나무라면 겨울에도 푸르름을 선사하고 추위에도 아랑곳하지 않는 강인함을 지닐 것이다.

단풍나무로서, 버드나무로서, 소나무로서의 매력과 그 자체만이 뿜어낼 수 있는 기쁨과 즐거움에 흠뻑 빠져보자. 그 기쁨과 행복함을 인식하게 되면 아마 다른 나무로 바꾸자고 해도 절대로 바꾸지 않을 것이다.

육아의 참된 의미는 현재 우리 아이만이 가지고 있는 강점을 찾는 것이다. 처음에만 나무가 뿌리를 잘 내리도록 옆에서 지켜보며 도와주면 그 이후로는 스스로 자란다. 무럭무럭 자라는 나무처럼 우리 아이도 무럭무럭 잘 자란 모습을 생각만 해도 벌써 행복하지 않은가?

02

좋은 엄마이고
싶어요

좋은 엄마란 어떤 엄마일까? 내가 생각하기에 좋은 엄마 10계
명은 이렇다.

<좋은 엄마 10계명>

1. 아이를 보고 자주 웃어준다.

2. 같이 노는 시간을 즐기고 다양한 경험을 하게 해준다.

3. 책을 많이 읽어준다.

4. 많이 안아주고, 오일이나 로션 바르고 마사지해주며 스킨십
을 많이 한다.

5. 친구의 소중함을 알려준다.

6. 감정은 읽어주고 잘못된 행동은 훈계한다.

7. 아이가 하는 이야기를 끊지 않고 끝까지 들어준다.

8. 스스로 선택할 수 있도록 기회를 많이 주고 아이의 의견을 존중해준다.

9. 엄마가 하기로 한 약속은 꼭 지킨다.

10. 때리지 않고, 사람들 앞에서 화내지 않는다.

와우! 이것을 모두 완벽하게 지키리란 쉽지 않다. 완벽한 부모는 이 세상에 없다. 이것을 모두 지키지 못했다고 해서 자책할 필요도 없다. 우리는 좋은 엄마가 되고자 노력한다.

실제로 모두 실행하지 못한다고 해도 실망할 필요는 없다. 우리 모두 완벽하지 못하고, 실수하고, 화를 내고, 내 감정도 내가 어떻게 할 수 없을 때가 많다. 중요한 것은 책을 읽고, 강의를 듣고, 아는 것을 실천하려고 노력하는 것만으로도 좋은 엄마가 되어가고 있다는 사실이다. 나 역시 '좋은 엄마란 어떤 엄마일까?'라는 질문을 하며 좋은 엄마이고 싶다는 생각을 참 많이 한 것 같다.

✎ 인생 선배들은 말씀하신다.

"이 시기도 잠깐이야. 이 시기를 즐겨."

이 힘겨운 하루하루를 어떻게 즐길 수 있단 말인가? 그럼에도 불구하고 육아를 즐기고 행복하게 할 수 있는 자신만의 방법을 찾아야 한다고 감히 이야기하고 싶다.

엄마들과 강의 중에 아이들과 힘들 때 어떻게 스트레스를 푸는 지 여쭈어 보았다.

"차에 가서 크게 소리를 질러요."

"이가 나간 그릇을 모아 두었다고 깨뜨려요."

"사우나를 가거나 네일케어를 받으러 가요."

"친구와 전화로 수다를 떨어요."

"산책을 하거나 운동을 하러 가요."

"카페에 가서 커피를 마셔요."

"일기를 써요."

"매운 음식을 먹으러 가요."

한 분은 어렵게 아이를 가졌을 때 들었던 음악을 요즘 2살, 4살 난 두 아들을 키우면서 다시 듣는다고 하셨다. 말썽 피우는 두 아이를 키우면서 자신도 모르게 자꾸 화가 났는데 그 음악을 틀어놓으니 그 시절 감사한 마음이 생각나서 요즘은 훨씬 평화롭게 육아를 하신다고 하셨다.

아이와 생활하면서 스트레스가 쌓일 때 단순히 참는 것이 아니고, 상황에 맞게 잘 푸는 것이 중요하다. 내가 나의 스트레스를 다스릴 수 있어야 그 화살이 아이에게 돌아가지 않는다.

✐ 왜 <좋은 엄마 10계명>이 잘 지켜지지 않을까?

안 되는 원인을 생각해보고, 되게 하는 방법을 찾아보자. 엄마들은 늘 이렇게 이야기한다.

"전부 너를 위해서는 하는 거야."

"엄마가 한번 안 된다고 하면 안 돼."

"너 때문에 엄마가 하고 싶은 것, 사고 싶은 것 다 참고 사는 거야."

엄마는 엄마대로 노력하고 아이는 아이대로 노력하는데 모두 힘들다고 한다.

초등학교 고학년의 아이를 둔 어떤 엄마가 이렇게 말씀하셨다.

"아이의 입장에서 생각하고, 의견을 존중해 주려고 노력하고 있어요. 친구들과 어울릴 시간도 충분히 주고 있거든요. 하지만 내가 아무리 노력해도 시간이 갈수록 아이가 하고 싶은 대로만 하려고 해요. 어떻게 해야 할지 모르겠어요."

반면 이 엄마의 아이는 이렇게 이야기한다.

"엄마는 엄마 마음대로만 하려고 해요. 내 말을 들어주지 않으세요. 엄마는 공부 안 하면서 나한테만 매일 공부하라고 해요. 엄마는 학원 다니고, 숙제 하는 것이 쉽다고 생각해요. 엄마가 원하는 대로 나를 키우려고 해요. 나는 그렇게 살고 싶지 않아요. 힘들어요."

이처럼 다른 두 마음이 비단 이 가정만의 이야기는 아닐 것이다. 상대방의 입장에서 생각한다고 하지만 그 차이는 너무나 크다.

아내가 육아하고 살림하느라 힘들다고 설명해도 남편은 그 사정을 제대로 알리가 없다. 아내 또한 남편이 밖에서 겪는 갈등과 어려움을 고스란히 이해하기 쉽지 않다. 서로 자신의 입장에서만 상황 파악이 되고, 힘들다고 느낀다. 아이와의 관계도 똑같다. 우리는 어른이니까 아이의 마음과 상황을 모두 잘 알 것이라 착각하는지 모르겠다. 욕심, 걱정, 불안 때문에 좋은 엄마가 되지 못하는 것은 아닐까?

좋은 엄마가 된다는 것은 아이를 키우는 것이 아니라, 아이가 잘 크도록 옆에서 손잡아 주고 뒤에서 밀어주는 것이다. 서포터즈들은 경기 중에 선수가 실수하면 조롱하거나 비난하거나 화내지 않는다. 서포터즈들은 다시 이렇게 말한다.

"괜찮아. 괜찮아. 다시 하면 돼!"

아이의 관점에서 생각해보고 이해해보자. 한편으로는 이미 충분히 좋은 엄마로서 하고 있는 일들이 많이 있을 것이다. 힘든 나를 다독이고 격려하고 토닥토닥 해주자. 엄마라는 이름만으로도 아이에게는 기쁨이고 사랑이다.

아이는
엄마의 말을 먹고 자란다

한 교실에서 선생님이 학생들에게 '집에서 엄마가 가장 많이 하는 말'이 무엇인지 써보라고 했다.

"빨리 일어나."

"학교에 늦겠다."

"숙제했니?"

"학원 갈 시간이다."

"잘 시간 넘었어. 키 안 큰다. 빨리 자라."

"장난감 정리해라."

"핸드폰 그만해라."

부모는 아이를 사랑하는 마음이 가득하지만, 일상에서 오가는 대화는 대체로 이렇다.

아이는 부모의 말투를 배우고 따라 한다. 부모가 명령조의 말을 많이 하면 아이의 어투도 비슷해진다. 앞서 말했듯이 함께하는 엄마의 감정도 아이에게 전염된다. 엄마가 속으로는 화가 났는데 겉으로는 평상시처럼 대한다고 하더라도, 아이는 엄마가 화난 감정을 고스란히 느끼고 긴장하게 된다. 때로는 엄마도 솔직하게 감정을 아이에게 말하는 것이 더 좋을 때가 있다.

✍ 아이에게 듣고 싶은 말을 먼저 엄마가 자주 사용하자

한번 명절을 지내고 나면 몸살이 난다. 왜 이렇게 식사시간은 자주 돌아오는지, 아침상을 치우고 과일과 커피를 마시고 나면 금방 점심을 준비할 시간이 돌아온다. 이렇게 손님을 2~3일 치루고 나면 안 피곤할 수가 없다.

상대적으로 명절 때 남편들은 쉬는 시간이 많아 보인다. 명절이 끝난 뒤 남편한테 힘들다고 이야기했는데, 만약 남편이

"뭐 그 정도 가지고 엄살이야? 옛날에는 더 힘들었다는데…….
세상 모든 며느리가 다 그렇게 하는데 왜 이리 유난이야?"
라고 말한다면 피곤이 배로 밀려오면서 남편까지 미워질 것이다.
하지만 남편이 "당신 정말 수고했어. 고마워"라고 이야기해준다면, 그동안 고생하고 힘들었던 마음을 다 위로받았다는 느낌일 것이다.

그렇다면 우리 아이들은 엄마들에게 어떤 말을 듣고 싶을까?

"너만 공부하는 거 아니야."

"옆집 덕수는 너보다 학원도 더 많이 다니고, 공부도 더 많이 해."

"왜 너만 맨날 힘들다고 하니?"

이런 이야기만 들으면 아이의 마음이 어떨까? 물론 늘 격려하고, 지지하고, 공감하고, 칭찬하는 말을 할 수는 없다. 그럼에도 불구하고 늘 격려와 지지를 받으며 자라는 아이들도 있다.

육아 전문가들은 부정적인 말과 긍정적인 말을 1대 5의 비율로 하라고 한다. "안 돼, 그만해, 네가 잘못한 거야" 등의 부정적인 말을 한 번 했으면, 칭찬하고 격려하는 말은 다섯 번은 해야 한다는 말이다. 이렇게 격려받고, 공감받는 말을 듣고 자란 아이는 주도적이고, 관계성에 탁월하고, 학습능력도 뛰어나다는 연구 결과가 있다.

화가 나서 아이에게 소리를 지를 때 한 번만이라도 자신을 거울로 본다면 그 모습이 얼마나 무서운지 깨닫게 될 것이다. 어떤 엄마가 정말 화가 나서 아이에게 소리치는 순간에 거울을 보게 되었는데, 그 모습이 너무 무섭게 보여서 그 이후로는 화를 덜 내게 되었다고 한다. 분노는 무조건 참는 것이 아니라 지혜롭게 해소하는 방법을 찾아서 화가 쌓이지 않게 자신을 다스릴 수 있어야 한다. 그래야 아이에게 나쁜 말, 심한 말을 하지 않을 수 있다.

✍ 긍정의 언어로 대신하자

아이들이 유치원이나 학교에서 현장학습을 가는 날 아침, 엄마는 "선생님 말씀 잘 들어", "조심해"라고 말한다. 그러면 아이는 부정적인 생각이 먼저 든다. 이왕이면 "재미있게 놀다 와", "구경 많이 하고 와" 이런 식으로 긍정의 메시지를 전해주는 것이 좋다. 생일파티를 가거나 친구들과 놀 때도 "실컷 놀다 와", "신나게 놀고 와" 이렇게 이야기해 주는 것이 좋다.

선생님 말씀 잘 들어, 조심해.
→ 재미있게 놀다 와, 구경 많이 하고 와.

엄마가 아이에게 잔소리를 하는 것은 잘되길 바라는 마음 때문이다. 하지만 그런 잔소리가 더 긍정적이고 창의적이고 성취감을 느끼는 아이로 자라게 하지는 않는다.

아이와 엄마는 같은 팀임을 잊지 말자. 같은 팀이 싸우는 일은 어리석은 일이다. 아이와 대화할 때 대화의 본질을 잊어서는 안 된다. 우리의 바람은 자존감 높은 아이로 성장하는 것이다. 그런데 화가 난다고 해서 비난의 말을 자주 한다면, 절대 자존감 높은 아이로 성장할 수 없다.

화가 나는 상황이 발생하면 '지금 느끼는 감정과 그 감정에 대한 원인, 내면의 욕구가 무엇인지' 자신에게 물어보자. 아이가 어릴 때 내가 주방에서 식사 준비를 하다가 깨를 엎지른 적이 있다. 순간 짜증이 확 올라왔다. 이때 아이가 옆에서 무엇인가를 요구하면, 아이의 행동과 상관없이 말이 거칠게 나간다.

감정 : 짜증이 나고 화가 난다.
원인 : 깨를 쏟아서 이것을 치우려고 하니 난감하다. 조심성이 없는 내 자신이 싫다.
욕구 : 쏟은 것을 빨리 치워서 원래의 상태로 돌아가고 싶다.

아이에게 이러한 나의 상황을 있는 그대로 설명해주었다.
"엄마가 지금 깨를 쏟아서 순간 짜증이 많이 나네. 이 깨를 청소할 때까지 거실에서 기다려주면 좋겠어."
아이도 이런 상황을 보고 이야기를 들으면 엄마를 보채지 않았다.

✐ 아이는 안 된다고 하면 더 하고 싶어 한다

게임을 그만하라고 하면 더 하고 싶어 한다. TV를 그만 보라고 하면 더 보겠다고 한다. 엄마가 목소리를 높이면 아이는 더 크게 운다. 기본적인 규칙을 미리 정하고 따르도록 연습하는 것이 좋다. 엄마의 일관된 행동이 제일 중요하다. 미리 반드시 지킬 수 있는 규칙을 정해놓고 행동하는 것이 좋다. 엄마의 기분에 따라 그때그때 다르게 하면 아이도 혼란스럽고 매번 조르게 된다.

무엇인가를 하고 싶은데 못하게 하면 더 하고 싶은 것이 사람의 마음이다. 연애할 때 집에서 부모님이 반대하면 둘의 사랑은 더욱 깊어진다. 밤에 더 놀고 싶은데 자라고 하면 아이는 더 놀고 싶은 마음이 평상시의 배가 될 것이다. 아이가 클수록 이러한 상황은 더 심해진다. 엄마가 보기에 어떤 친구와는 안 어울렸으면 하는 마음이 들 때가 있다. 그래서 그 친구와 어울리지 않았으면 좋겠다고 이야기하면 아이는 그 친구와 더 어울리고 싶어 한다.

아이가 어려서 엄마가 하는 말들이 별로 상처가 되지 않을 것이라 생각할 수도 있지만, 아이 마음속에는 상처로 남아 있다. 아이의 거친 행동에 원인이 될 수도 있다. 엄마의 진심은 아이를 이 세상 누구보다 사랑하지만, 아이가 그렇게 느끼는지는 잘 모르겠다. 일상의 대화뿐만 아니라 부모의 마음을 전하는 대화도 나누면 아이도 '고맙고, 감사하다'는 표현을 할 것이다. 부모의 마음을 우리 아이들이 고스란히 느낄 수 있으면 좋겠다.

자기 전에 오늘 하루 동안 내가 우리 아이에게 어떤 말을 했는지 한번 생각해보자. 아이는 부모의 말을 먹고 자란다.

04

프랑스 육아 VS
한국 육아

EBS에서 프랑스 엄마와 한국 엄마의 육아를 비교한 프로그램을 보았다. 가장 눈에 띄게 차이가 나는 것은 프랑스 엄마들은 육아를 힘들다고 이야기하지 않았다. 나를 포함한 한국 엄마들은 육아가 참 어렵고 힘들게 느껴지는 반면 왜 프랑스 엄마들은 육아를 힘들지 않게 생각하는 걸까? 내가 프로그램을 보면서 가장 크게 느끼는 것은 3가지였다.

1. 프랑스 엄마는 아이가 하고 싶은 것을 최대한 많이 수용해 주었다.

가장 인상적인 것은 6살인 남자아이가 아침에 머리를 땋고 유치원에 등원하는 것이었다. 처음에는 여자아이인줄 알았는데, 씩

씩한 남자아이였다. 아이가 머리를 발끝까지 길어보고 싶다고 한 이야기를 존중해준 것이다. 우리 같으면 남자아이가 왜 그렇게 머리를 길게 기르냐고 야단치면서 당장 머리를 짧게 자를 텐데, 프랑스 엄마는 당연하듯 아이의 호기심을 인정하고 의견을 존중해 주었다. 이렇게 엄마가 아이에게 기준을 두니 서로 갈등이 덜할 수밖에 없었다. 남자아이가 머리를 발까지 길러보겠다고 한 것을 동의한 엄마라면 아이의 다른 의견도 존중해 줄 것이다.

아이가 하고 싶은 것을 그대로 받아들이고 허락해 준다면(위험하거나, 비도덕적이지 않은 범위 내에서) 아이는 행복할 것이다. 엄마의 의도대로 되지 않는다고 해도 화낼 일이 없다. 한국 엄마들은 "아이들이 내 마음처럼 되지 않아서 힘들어요"라고 말하는 경우가 대부분이다. 원래 아이는 부모 마음대로 키울 수 없다. 아이 마음 가는 대로 키워야 서로가 행복한 길을 가는 것 아닐까?

2. 아이가 스스로 한다.

한국에서는 엄마가 아이를 아침에 깨우고, 씻기고, 밥 먹이고, 옷을 입혀서 유치원에 등원시킨다. 늦어서 유치원 버스를 놓칠까 엄마가 나서서 처리해준다. 그런데 프랑스에서는 아이 스스로 일어나 혼자 씻고, 스스로 시리얼을 먹고, 스스로 옷을 입고 유치원에 등원한다.

6살 프랑스 아이가 활동을 하다 친구들과 갈등이 생겼을 때 엄마는 가능한 한 개입하지 않았다. 아이들끼리 해결할 수 있도록 기다려주고, 아이의 편을 들지도 않았다. 아이가 흥분하여 울 때도 잠시 안아주고 진정할 시간을 줄 뿐이었다. 몇 분 정도 지나고 나니 아이가 스스로 감정을 추스르고 다시 단체 활동을 함께하였다. 아이의 감정에 엄마가 매우 태연하게 대처하는 것이 매우 인상적이었다.

3. 아이가 해야 할 일을 단호히 그리고 할 때까지 기다려준다.

5살 아이에게 장난감으로 지저분해진 방을 치우라고 이야기했는데 말을 듣지 않았다. 나 같으면 내가 빨리 치우고 말 텐데, 프랑스 엄마는 시간을 두고 여러 번 이야기를 했다. 결국 5살 아이는 엄마가 세 번 정도 이야기한 후에 스스로 장난감 정리를 하였다. 기다려준 엄마도 훌륭하고, 결국 장난감을 잘 정리한 아이도 훌륭하다. 치우고 난 후 엄마는 아이를 칭찬해주었고, 아이는 성취감도 맛보았다. 이렇게 스스로 하는 행동들이 누적될수록 크면서 엄마도 아이도 행복할 것이다.

프랑스 아이들에게 엄마가 무섭냐고 질문했다.

"아니요. 우리 엄마는 매우 친절한 분이세요."

프랑스 엄마들은 가르치거나 요구하는 것을 명확하고 엄격하게 지시하는데도 아이들은 '엄마는 친절한 사람'이라고 답했고, 한국 엄마들은 나서서 일을 처리해 주는데도 "엄마는 어떤 사람인가요?"라는 질문에 한국 아이들은 '엄마는 화내는 사람, 소리 지르는 사람, 혼내는 사람'이라고 답했다. 매우 대조적인 답변이다. 화를 내지 않고 키울 때 엄마도 힘들지 않고 아이의 행복지수도 높음을 알 수 있다.

유치원/학교에 늦을까봐 아이가 할 때까지 기다려주지 않고 엄마가 해버리면, 아이는 경험의 기회가 줄어들게 된다. 처음에는 잘 못하고 시간이 걸릴지라도 한 번이라도 아이가 할 수 있는 기회를 주면 조금씩 잘할 수 있게 되고, 엄마도 덜 힘들게 될 것이다.

내 강의에 오셨던 아이 셋을 키우는 엄마도 자신의 일은 각자 알아서 하라고 기회를 많이 준다고 하셨다. 아이가 셋이면 실상 엄마가 100% 챙길 수가 없기 때문에 유치원생인데 샤워도 혼자 하고, 3살인데도 밥도 무조건 스스로 먹게 한다. 흘려도 상관없고 조금 쏟아도 괜찮다. 처음에는 흘리고 쏟고 하지만 시간이 갈수록 점점 좋아지는 것이 보이기 때문에 그렇게 하는 것이 힘들지 않다고 하셨다.

유명한 마시멜로의 실험을 우리나라에서도 실시하였다. 한 그룹에 10명씩, 두 그룹으로 실험하였다. 미술 수업을 진행하는데 A그룹에는 선생님이 준비물을 더 가져오겠다고 하고 밖으로 나간 후 잠시 뒤에 필요한 준비물을 가지고 들어왔다. 반면 B그룹에는 선생님이 미술 준비물을 더 가지고 오겠다고 나갔는데 준비물을 구하지 못했다고 하면서 그냥 들어왔다. 이렇게 두 번을 반복하고 난 후 마시멜로 실험을 하였다.

젤리 한 개를 접시에 놓고, 15분 동안 먹지 않고 참으면 한 개를 더 주겠다고 약속하고 선생님이 그 방을 나갔다. 선생님이 약속을 지킨 A그룹의 아이들은 10명 중 7명이 15분을 참고 기다려서 2개의 젤리를 받았고, 선생님이 약속을 지키지 못한 B그룹의 아이들은 10명 중 4명만이 15분을 기다려 2개의 젤리를 받았다. 이 실험을 통해서 평상시에 신뢰가 아이들에게 매우 중요하다는 것을 알 수 있었다. 신뢰의 정도가 낮으면 새로운 약속을 해도 쉽게 믿지 못하고 인내하는 것도 더욱 힘들어한다.

마찬가지로 평상시 아이가 부모를 신뢰하면 믿음을 가지고 인내할 수 있다는 것을 보여준다. 아이와의 약속은 지킬 수 있는 것만 해야 하고, 약속을 할 때 아이의 의견을 존중해 주어야 한다. 또 아이가 약속한 것을 쉽게 변경하거나 취소하면 안 된다. 아이가 그러한 모습을 자주 보면 아이도 '상황에 따라서는 약속을 안 지켜도 되는구나'라고 생각할 수 있다.

숫자 하나 더 익히고, 한글 하나 더 깨치고, 영어 단어 하나 더 아는 것에는 매우 민감하면서 일상에서는 아이들이 꼭 해야 할 일들에 대해서는 너무 너그러운 것이 아닌가 하는 생각이 든다. 아이가 부모를 신뢰하고, 하나하나 지도하지 않아도 아이 스스로 할 수 있는 일이 많아질 때 모두에게 행복한 시간이 많아진다.

✍ 아이가 성장하는 순간순간을 만끽하자

엄마가 일을 하거나, 취미생활을 열심히 하거나, 공부를 하면 아무래도 아이에게 스스로 할 기회를 더 많이 주게 된다. 엄마 본인이 바쁘다 보니 모든 것을 다 챙겨줄 수가 없다. 어쩌면 아이를 더 잘 키우려고 전업맘이 되었는데, 아이가 해야 할 일까지 엄마가 하고 있는 것은 아닌지 모르겠다.

아이 중심적으로만 생활하다 보면 엄마의 삶이 없어진다. 아이 키우는 20년이 지나면 나는 이후 어떻게 시간을 보내며 살까를 생각해보아야 한다. 100년의 삶 가운데 아이를 키우는 기간은 약 25년 전후이다. 아이가 성장한 후 예전처럼 엄마를 찾지 않을 때 아이에게 쏟았던 그 시간을 어떻게 보내야 행복하게 살 수 있을까? 엄마 자신의 삶을 놓아서는 안 된다.

자신의 삶이 있은 후에 엄마로서의 삶, 아내로서의 삶이 있어야 행복한 육아를 할 수 있다. 내가 원하는 방향으로 아이를 키우려면 힘들다. 하지만 아이가 원하는 방향으로 크는 것을 옆에서 도와준다고 생각하면 일상에서 일어나는 수많은 일들에 대해 일희일비(一喜一悲)하지 않을 것이다.

아이가 성장하는 순간순간을 만끽하면 좋겠다. 현재 나의 육아법에 대해서 확신하지 못하고, 미래를 걱정하는 마음으로만 아이를 키우다가 어느 날 아이가 20살이 되어 버리면 얼마나 안타까울까? 책을 읽어줄 때도 온전히 그 동화책에 풍덩 빠져버리고, 아이와 놀이터에 나가서 놀 때도 동심으로 그 순간을 즐길 수 있으면 좋겠다. 아이의 나이에 따라서 활동하는 것들이 다르고, 아이가 주는 기쁨도 그때그때 다르다. 아이를 키우면서 지나고 나면 힘겨움보다 즐거움으로 기억된다. 오늘의 힘겨움도 내일이면 아름다운 추억으로 남을 것이다.

05

육아를
즐기는 방법

"선배맘들은 아이를 키웠던 시간들이 지나고 보니 행복한 과정
이었다고 말해요. 하지만 현재 아이를 키우고 있는 입장에서는 참
어렵고 힘들기만 합니다. 어떻게 하면 육아를 즐길 수 있을까요?"

여행을 가려고 생각만 해도 기분이 좋아진다. 여행지를 선정하
고 여행 계획을 세우고 떠나는 날짜를 손꼽아 기다린다. 그런데 막
상 여행을 떠나면 예상치 않게 불편한 일도 생기고 힘든 일도 벌
어진다. 하지만 그럼에도 불구하고 여행을 마치고 돌아오면 좋은
기억으로 남는다. 가끔 현실에 지치고 힘들 때면 과거에 다녀온 여
행을 생각만 해도 에너지가 생긴다.

육아도 그런 것이 아닐까 싶다. 아이를 갖기 전에는 두렵기도
하고 설레기도 한다. 막상 임신이 되면, 모두에게 축하를 받고 아

이가 세상에 태어날 때까지 좋은 것만 보고 좋은 것만 듣고 좋은 것만 먹으려고 한다. 설렘과 기쁨으로 아이가 세상에 태어나고 나의 품 안에 안길 때 그 감격은 아직도 잊을 수가 없다.

하지만 아이가 태어나면 전쟁이 시작된다. 나는 워킹맘이었지만, 워킹맘이든 전업맘이든 각자의 자리에서 어려움의 종류만 다를 뿐이지 힘든 것은 매 한가지인 것 같다. 그런데 이 힘겨운 과정을 마친 분들은 이렇게 말씀하신다.

"그 또한 행복한 여정이었다."

지금은 조금 믿기 어렵지만 모든 선배맘들이 그렇게 이야기하니 분명 사실인 것 같기는 하다. 인생에서 여행이 그랬던 것처럼.

✍ 어떻게 현재의 육아를 즐길 수 있을까?

개인마다 그 방법이 다를 것이다. 나 같은 경우 힘들지만 일을 병행하는 방법을 선택했다. 내가 나의 삶을 열심히 살 때 우리 아이도 자신의 길을 찾아갈 것이라 믿었다. 나 같은 성향의 사람은 일이 있어 심적으로 더 힘이 됐다. 육아로 힘들다가도 일이 있기 때문에 관심사가 분리되고, 성취감을 얻으며 스스로 격려할 수 있었던 것 같다.

사실 아들이 기숙사가 있는 고등학교를 다니면서부터는 크게 속상하거나 갈등이 생길 일이 많지 않다. 방학을 제외하고는 평균

한 달에 한 번 정도 집에 오기 때문에 푹 쉬게 하고 좋은 이야기만 해서 서로의 마음이 더 여유로웠던 것 같다.

그럼에도 불구하고 내 마음을 더 평안하게 하고, 직접적으로 아이에게 해줄 수는 없지만 무엇인가를 하고 싶었다. 생각난 것이 '감사카드 쓰기'였다. 어떻게 어디서부터 시작해야 할까를 고민하다가 그냥 몇 개 쓰다가 멈추면 크게 의미가 없을 것 같아서 나름 목표를 세웠다.

'1년 365일을 감사하는 마음으로 살겠다'를 다짐하는 의미로 365분에게 감사카드 전하는 일을 시작했다. 첫 번째 감사카드를 쓸 사람은 나의 남편이었고, 두 번째는 우리 아들, 그리고 어머니, 친정엄마, 양쪽 집안 식구들 순으로 챙기기로 했다.

아무 일도 없는데 불쑥 손편지를 내밀기가 쑥스럽기도 했지만 하나씩 쓰면서 '그동안 오랫동안 함께 살면서 오히려 식구라는 이유로 감사하다는 말을 더 안 했구나'를 깨닫게 되었다. 만날 일이 생기면 만나서 드리고, 빨리 만나지 못하는 식구들에게는 편지와 아주 작은 선물과 함께 택배로 보내기도 하였다. 요즘같이 택배가 일상화된 삶에서 내가 주문한 물건을 받는 것과 누군가에게 손편지와 비록 작지만 선물을 받는 기분은 또 다른 작은 기쁨이었을 것이다.

감사카드를 써야겠다고 마음먹은 후에는 약속이 생기면 감사카드를 쓰고, 초콜릿을 챙기는 것이 습관이 되었다. 우체국을 가도,

슈퍼에 가도, 도서관에 가도, 단지 아파트의 경비 아저씨와 청소해주시는 분 등 모두가 감사할 분들이었다. 내 주변에 이렇게 감사할 분들이 많았구나 새삼 느낄 수 있었다. 어쩔 때는 무거운 물을 배달해주시는 택배 아저씨가 감사했고, 아파트 내부를 정기적으로 소독해주시는 분도 감사했다.

강의가 끝난 후, 강의 내용 중 무슨 일을 생활에서 실천할 수 있는지 묻는 나의 질문에 적극적으로 답해주시는 몇 분께도 감사의 편지와 초콜릿을 드렸다. 이렇게 하는데도 사실 365분을 채우는 것이 그리 쉽지는 않았다. 하지만 이 프로젝트를 하고 나면 정말 매사에 감사하는 습관이 절로 생길 것 같다. 시작을 했으니 일단 365분을 채울 때까지 감사카드와 감사의 마음을 열심히 전할 것이다.

내가 감사하는 삶을 살고, 내가 행복을 느낄 때 육아도 행복할 것이라고 확신한다. 내가 어떻게 생각하느냐에 따라 사는 게 힘들 수도 있고, 그 안에서 기쁨을 찾을 수도 있다.

힘겨울 때마다 나에게 주는 메시지를 하나씩 정하는 것도 좋다. '이 또한 지나가리라', '우리 아이로 인해 행복했던 순간 생각하기', '아이가 멋진 어른으로 성장하는 모습 상상하기' 등으로 자신을 격려해주자.

다음 〈어린이 행복선언〉은 2012년 전국에 있는 공동육아 어린이집에 다니는 아이들의 의견을 듣고 선생님들이 정리한 것이라고 한다.

<어린이 행복선언>

- 마음껏 신나게 놀고 나면 행복해요. 놀 곳과 놀 시간을 주세요.
- 포근하게 안아주면 행복해요. 많이많이 안아주세요.
- 하늘을 보고 꽃을 보면 행복해요. 자연과 더불어 살게 해주세요.
- 맛있는 걸 먹을 때 행복해요. 좋은 먹거리를 주세요.
- 책을 읽어줄 때 행복해요. 재미있는 책을 읽어주세요.
- 어른들이 기다려줄 때 행복해요. 잘 못하고 느려도 기다려 주세요.
- 제 말을 귀담아 줄 때 행복해요. 제 이야기를 들어주세요.
- 제 힘으로 무엇을 했을 때 행복해요. 저 혼자 할 수 있게 해주세요.
- 어른들이 행복해야 우리도 행복해요. 모두 함께 행복하게 해주세요.
- 다른 아이들이 행복해야 저도 행복해요. 모든 아이들이 저처럼 행복하

게 해주세요.

아이의 입장에서 생각해 보아야 그 마음이 이해가 된다. 상대방의 입장이 된다는 것은 쉽지 않다. 하지만 내 입장에서만 생각하면 세상은 더 힘겹게 느껴진다. 다른 사람이 나에게 무엇인가를 해주기를 기대하지 말자. 이 상황을 더 행복하게 만들기 위해서 내가 할 수 있는 일이 무엇인지 리스트를 만들어보자. 나의 마음이 변하고, 나의 언어가 변하고, 나의 행동이 변할 때 행복은 문을 열고 나

의 안으로, 또 우리 집 안으로 들어올 것이다.

결국 아이도 행복하고 엄마도 행복해야 한다. 오늘부터 '엄마도 아이도 행복한 삶의 주인공'이 되기를 간절히 소망한다.

06

엄마의 삶도
중요해요

가정을 돌보느라 정작 나 자신을 돌보는 시간이 너무 부족한 경우가 많다. 하지만 엄마의 몸과 마음이 불편하면 아이를 돌보는 것이 더욱 힘들게 느껴진다. 엄마가 자신에게 시간과 정성을 들이며 에너지가 넘칠 때 더 좋은 엄마가 될 수 있다. 나 자신을 위해서 무엇을 하고 있는지 생각해보자.

드라마를 보는 것도 하나의 스트레스 해소 방법일 수는 있다. 드라마를 보는 순간은 다른 생각을 잊을 수도 있고, 볼 때는 즐거울 수 있다. 하지만 보고 난 이후에는 모든 것이 원래 그 자리에 있다. 나를 위로한다거나 나에게 에너지를 공급하지는 못한다.

쇼핑을 하는 사람들도 있다. 특히 온라인 쇼핑은 편리해서 습관적으로 구매하는 경우도 많다. 물건을 살 때는 좋지만 아무리 갖고 싶은 것이라도 세네 번 사용하고 나면 그 마음이 시들해진다. 무엇인가 집에 자꾸 사들이면 수납공간도 그만큼 많이 필요하게 되고 정리할 시간도 더 요구된다.

나는 요즘 새로운 것을 사는 것에 별로 관심이 없어졌다. 특별히 무엇인가를 많이 소유해서가 아니라 현재 소유하고 있는 것도 충분하다는 생각이 든다. 그래서 최소한의 것으로 단순하게 살려고 노력한다. 그렇게 하니 머릿속도 단순해져 내가 하고 싶은 일에 집중도 잘 된다.

친구들과 수다 떠는 것도 스트레스 해소 방법 중 하나이다. 하지만 어떤 날은 집에 돌아오면 왠지 모를 허무함이 느껴지기도 한다. 사람에 따라 다르겠지만, 자신에게 집중하는 시간을 권하고 싶다.

✍ 일주일에 반나절만이라도 자신과의 데이트

전업맘이라고 하면 시간이 많을 것 같지만, 아침 준비하여 남편 출근시키고, 아이 유치원/학교에 보내고, 집안일 좀 하다가 장 보고 들어오면 금방 아이가 돌아올 시간이 된다. 초등학교 엄마들끼리 "설거지하고 청소하고 뒤돌아서면 아이 올 시간이다"라고 하는데 맞는 말이다. 가끔 아이들 보내놓고, 엄마들과 차 마시고 브런치 하면 시간은 더 빨리 지나간다. 그럼에도 불구하고 일주일에 반나절은 자신만의 시간을 가져보라고 권하고 싶다.

나는 카페에 가서 책을 읽거나, 글을 쓰거나, 다이어리 정리하는 것을 매우 좋아한다. 아무도 없는 집에서 할 수도 있지만 집에 있다 보면 자꾸 집안일이 보여서 다른 일을 하게 된다. 온전히 나에게만 집중하고 싶어서 카페에 가게 되었는데 지금 생각하면 그 시간들이 모여 내가 성장한 것 같다.

강의가 있는 날이면 일부러 최대한 일찍 강의실에 도착하려고 한다. 물론 초행길이고 운전도 서툴러서 만약의 경우를 대비하는 것이지만, 나만의 시간을 가질 수 있어서 좋다. 그 시간에 생각 정리도 하고, 한 주간의 계획도 세우고 책도 읽는다.

카페에 가서 시간을 보내려면 커피값은 지불해야 하지만, 그 시간 동안 나를 돌아보고 현재를 다독이며 미래를 계획할 수 있다. 한두 번 그런 시간을 갖는다고 되는 것은 아니지만, 이러한 시간을 계속 가질수록 이 시간이 나에게 얼마나 소중한 것인지 느끼게 된다. 꼭 실천해보길 바란다. 이때 핸드폰으로 카톡을 하거나 인터넷 기사를 읽다가 시간을 다 보내면 안 된다. 반드시 자신과의 대화의 시간이어야 한다. 나중에는 그 시간이 나에게 돈으로 살 수 없는 커다란 가치가 있었다는 것을 깨닫게 될 것이다.

바쁘고 약속이 많더라도 일주일에 가장 방해받지 않을 수 있는 나만의 시간을 정하고, 그 시간은 이미 선약이 있는 것으로 간주해보자. 아이가 너무 어려서 24시간 내가 돌보아야 한다면 남편에게 일주일에 2~3시간 정도만 미리 부탁해보자. 요즘엔 대형마트에 예쁜 꽃집과 카페가 같이 있는 곳이 있다. 장 볼 시간을 조금 넉넉히 잡고 잠시 자신과의 만남의 시간을 가져보자. 엄마가 생각 정리가 되고 마음이 편해지면 가정에 평화가 찾아온다. 엄마가 머리가 복잡하고 짜증나면 가정에서 일어나는 모든 일들이 힘겹게 느껴져 엄마의 목소리 톤이 올라간다.

처음에는 그 시간이 지루하게 느껴질지도 모른다. 남편에게 맡기고 나온 아이가 엄마를 찾을까 걱정도 된다. 하지만 이러한 시간을 많이 가질수록 점점 더 길게 이런 시간을 가지고 싶게 된다. 그 시간의 소중함도 알게 되고, 그 시간에 내 자신에 대해서 더 알게 된다는 것을 깨달으면 아마 남편에게도 권하고 싶을 것이다.

가끔 혼자서 여행을 떠난다는 사람들도 있다. 나도 그렇게 하고 싶은데 막상 혼자 여행을 떠나려면 걸리는 일들이 너무 많다. 무작정 떠나라고 하지만 현실은 그리 쉽지가 않다.

하지만 집 근처 카페에 가는 것은 교통비가 드는 것도 아니고, 용기가 필요한 것도 아니다. 단지 일주일에 반나절 집을 나서면 되는 것이다. 시간은 내가 만드는 것이다. 똑같이 주어진 일주일의 168시간 중에서 2~3시간을 내가 이렇게 하겠다고 정하면 되는 것이다. 내가 정하지 않으면 이 시간도 그냥 흘러가버리고 만다.

올해 집중할 것을 정해보자

강의에 오신 한 엄마는 해마다 한 가지씩 배우는 것을 정한다고 하셨다. 올해에 내가 집중할 것을 정하는 것은 참 좋은 것 같다. 살림하고 애 키우느라 내가 무엇을 배운다는 것은 감히 엄두가 나질 않는다. 그럼에도 불구하고 무엇인가를 늘 시도하는 엄마들이 있다.

하루 24시간 온종일 살림과 육아에만 집중하면 '나'라는 사람은 없고 누구 엄마, 누구 아내라는 호칭만 남는다. 나의 삶에서 주인공은 '나'여야 한다. 취미생활을 집중적으로 해도 좋고, 무엇인가 생산적인 일에 집중해도 좋다.

어떤 엄마는 아이가 초등학교에 입학할 때 일주일에 한 번씩 동사무소 문화센터에서 운영하는 중국어 수업을 듣기 시작했는데, 아이가 학교를 졸업할 때 중국어 읽기, 쓰기 및 기본회화가 가능한 정도가 되었다고 한다.

"아이가 중학교, 고등학교를 다니는 동안에도 중국어 수업을 계속 받을 거예요. 아이가 다 크고 나면 중국어로 할 수 있는 봉사활동도 하고 싶고, 가능하면 중국어를 이용하여 파트타임 일도 해볼 생각입니다."

이 분은 아이들이 공부할 때 함께 중국어 책을 펴놓고 공부하며 부담 없이 조금이라도 꾸준히 한 것에 보람을 느낀다고 한다.

아이가 태어나서부터 20살이 되기까지 하루가 다르게 자라고 성장한다. 물론 엄마도 정신적으로 점차 성숙할 것이다. 하지만 육체는 점차 약해진다. 이렇게 약해지는 육체를 건강한 정신이 도와줄 것이라고 믿는다. '무엇인가를 하고 싶고, 할 수 있다는 생각'은 아이가 20살이 되고 난 이후 아이만 바라보지 않고 나 자신을 더욱 사랑하고 집중하는 데에 큰 밑거름이 될 것이다. 아이가 성인이 되면 자신들의 시간을 보내느라 정신없이 바쁘다. 그때가 되면 아이는 앞으로 '엄마의 인생'을 살라고 한다. 당당한 나로 다시 돌아가기 위해서 육아를 하는 20년 동안 나를 위한 목표도 있으면 좋겠다.

🖋 내가 잘하는 것으로 아이와 놀아주기

나는 미술을 잘 못한다. 그래서 아이와 만들기나 그리고 색칠하면서 논 기억이 많지 않다. 미술놀이를 하려면 아이디어도 떠오르지 않고 일단 내가 재미없어서 오래 할 수가 없었다. 그래서 시간이 나는 대로 공연이나 체험활동 등을 하러 외부로 많이 데리고 다녔다. 돌아다니는 것은 별로 힘들다고 느끼지 않았고, 체험활동을 통해서 아이가 적극적인 활동을 하는 것이 좋았다. 집에서는 영어놀이를 많이 하였고, 밤에는 책 읽어주는 것을 매일 밤 빠지지 않고 했었다.

주로 몸으로 놀아주는 것이나 공을 가지고 놀아주는 것은 아빠가 했다. 퇴근하고 돌아온 후 아빠와 씨름도 하고, 비행기 타기, 말 타기 등 몸동작을 크게 하는 놀이를 신나게 하였다.

우리가 모든 것을 아이에게 다 해주려고 하면 더 힘겹게 느껴진다. 내가 잘하는 것을 위주로 아이와 활동을 하면서 그 시간 자체를 즐길 수 있었던 것 같다. 물론 아이가 관심 있는 것을 찾아주는 것도 중요하다. 그런데 너무 아이 입장에서만 한다고 엄마가 힘겹게 느끼면 엄마의 스트레스가 아이에게 전달된다. 무엇보다 엄마가 아이와의 시간을 재미있게 보내면 아이도 즐거워한다.

🖋 오늘 행복하기 프로젝트

인생은 언제 어떻게 될지 아무도 모른다. 생각이 지나간 과거에 머물러 있어도 안 되고, 앞으로 다가올 장밋빛 미래만을 기대하며 현실을 희생하며 사는 것도 바람직한 것이 아니다. 미래만을 위해 산다면, 현재는 늘 미래를 위한 준비하는 시간이고 희생하는 시간이 될 것이다. 현재를 즐길 수 있는 마음자세가 필요하다. 오늘 행복한 사람은 항상 행복하다고 느끼며 사는 사람이다.

오늘 나에게 행복한 것과 감사한 것이 무엇인지 생각해보자. 감사일기를 쓰는 사람들은 오늘에 대한 감사를 잊지 않는다. 평범한 일상에서 감사를 찾고 행복을 찾는 사람들은 늘 감사와 행복이 삶의 주체가 된다. 주도적인 삶을 산다.

나는 매일 잠들기 전 누워서 오늘 아침부터 있었던 일을 떠올려 본다. 그리고 그 안에서 감사할 일들을 찾아 감사한다. 아침에 눈을 뜨자마자 감사한 일을 먼저 생각한다. 하루를 별 탈 없이 잘 마무리할 수 있음에도 감사하고, 또 새로운 하루를 시작할 수 있음에도 감사하고 행복하다.

✍ 마음먹은 것 지금 실행하기

내가 강의 시작할 때 "어떤 강의가 좋은 강의라고 생각하세요?" 라고 여쭈어 본다. 돌아오는 대답은 '재미있는 강의, 감동이 있는 강의, 내가 궁금해하던 것에 대한 답을 얻는 강의, 이론에 치우치지 않는 강의' 등 각양각색이다. 모두 맞는 이야기다. 거기에 나는 한 가지를 덧붙인다. 강의가 끝난 후에 꼭 가정에 돌아가자마자 바로 실천할 것들을 생각하며 강의를 들었으면 좋겠다고. 나에게 도움이 되고 적용하고 싶은 것이 무엇인지에 초점을 두고 강의를 듣기를 여러 번 부탁드리고 강의를 시작한다. 마무리할 때도 꼭 다시 여쭈어본다.

"오늘 당장 실천하시기로 한 것이 무엇인가요?"

생각만 하고 실행하지 않으면 늘 제자리이다. 내가 무엇인가를 행동으로 옮겼을 때 성취감도 얻고 변화도 일어난다. 엄마의 삶에 변화가 일어나고 에너지가 넘치면 아이에게도 그 에너지가 전달

된다. 아이를 건강하고 행복하게 잘 키운다는 것은, 엄마가 자신의 삶을 중요하게 생각하고 성장하려고 노력하는 것이라는 것을 꼭 강조하고 싶다. 행복한 엄마의 삶이 우리 아이를 행복한 아이로 성장하게 돕는다.

에필로그

나는 그동안 워킹맘으로서 일과 육아를 함께했다. 엄마, 아내의 역할도 중요하지만, 여성으로서 경제적인 활동에 동참하는 것이 사회에 기여한다고 생각했었다. 한편으로는 "사회적으로 활동하는 것이 조금 더 중요하지 않나?"라고 생각했던 사람인데, 전업맘으로서 아이와 가정을 돌보며 가정경영을 하는 것이 경제활동을 하는 것 못지않게 매우 소중하고 값진 일이라는 것을 깨닫게 되었다.

내가 만난 엄마들의 질문은 다양했고 그 고민이 너무도 절절했다. 옆에서 보기에는 "애 키우는 것이 뭐 그리 힘드냐?"라고 말할 수 있겠지만, 하루하루를 아이들과 온종일 집에서 실랑이를 하며 보내는 엄마들은 정말 파김치가 되어 지푸라기라도 잡고 싶은 심정으로 강의에 참여하고 있었다.

어쩌면 이 책은 나의 작품이 아니라, 나의 강연에 참석해주셨던 분들의 작품이라고 해야 할 것이다. 나의 강의가 1시간 30분으로 정해져 있고, 바로 이어서 그 강의실에 다음 강의가 잡혀 있으면 나와 엄마들은 복도에 나와서 질의응답 시간을 갖느라 시간 가는 줄 모르고 이야기를 한다.

어떤 엄마는 아이 이야기를 하면서 눈물을 흘리기도 하셨다. 그 눈물은 더 좋은 엄마가 되고 싶은데 그렇지 못하는 것 아닌가 하는 염려와 아쉬움이 아니었을까? 어쩌면 우리 아이가 힘들어하는 모습이 마음 아파서 흘리는 눈물인지도 모르겠다. 엄마로서 무엇인가 더 잘해야 한다는 마음인지도 모르겠다. 그럴 때면 엄마들의 두 손을 꼭 잡아드리며 "지금도 잘하고 계십니다. 이렇게 더 좋은 엄마가 되고자 애쓰시니, 앞으로 분명히 엄마도 아이도 더 행복해지실 겁니다"라고 위로의 말을 전하기도 했었다.

육아에 정답은 없지만, 주변의 이야기를 들으면서 '나만 힘든 것이 아니구나' 하고 위로받을 수 있고, 새로운 힘을 얻을 수 있고, 나아가 우리 집에 더 적합한 방법들을 생각해내는 계기가 될 수 있다.

출산 후, 갑자기 '부모'라는 이름으로 불리며 우리는 예기치 않은 수많은 상황들을 만난다. 이 책에 나온 내용들을 각자 가정의 상황에 맞게 적용하여 모두가 행복한 육아를 할 수 있기를 간절히 소망한다. 때로는 오리지널 버전보다 편곡한 것이 더 사랑받기도 한다. 이 책에 나온 내용들이 오리지널 버전이라면 각각의 가정에서는 가장 아름다운 편곡으로 새롭게 대처 방법들이 나오길 기대한다.

수많은 엄마들을 만나면서 엄마의 역할이 얼마나 중요한지를 더 많이 느낄 수 있었다. 한 생명체를 '바른 성인'으로 키우는 것이 개인적으로 사회적으로 국가적으로 얼마나 소중하고 값진 일인가를 나 스스로 더 많이 느끼게 되었다. 또 이러한 고민을 함께한다는 것에 커다란 책임감마저 들기도 했다.

아이의 연령마다 엄마들의 고민도 다양하다. 영·유아 시절에는 아이와의 애착관계, 신체적인 성장발달에 정성을 들인다. 유치원, 초등학교에 가면 단체생활 적응, 친구들과의 관계, 학교생활을 잘하는가에 집중하게 된다. 중학생이 되면 학업에 신경이 쓰인다. 사춘기가 오면 아이는 마치 세상이 자신을 위해 존재해야 하는 것처럼 행동한다. 세상을 삐딱하게 바라보고 마음대로 되지 않으면 인상을 찌푸린다. 고등학생이 되면 적나라하게 보이는 성적과 대입이라는 커다란 무게 앞에서 힘들어한다. 대학생이 되면 취업, 취업하고 나면 결혼 문제로 이어진다. 이렇게 보면 부모란 언제나 자녀 앞에서 마음 졸이며 걱정하며 살아가는 듯하다. 선배님들의 말에 따르자면, 부모는 죽을 때까지 자식 걱정이 떠나질 않는다고 한다.

하지만 우리 완전히 거꾸로 생각해보면 어떨까? 아이들이 태어났을 때의 감격, "엄마", "아빠"라고 처음 말했을 때의 기쁨, 넘어지지 않고 걷기 시작할 때의 뿌듯함을 떠올려보자. 유치원에서 재롱잔치를 할 때, 초등학교 입학식 날, 받아쓰기 처음으로 100점 받아온 날 등 매일 한 가지씩 즐거운 일, 감사한 일을 말로 표현해보자.

우리 아이가 건강한 것이 당연한 것 같지만, 어린이 병동에 가보면 아픈 아이들로 그 병동이 꽉 차 있다. 아이가 오늘 세 끼 잘 먹고, 잘 놀고, 건강한 것은 감사한 일이다. 우리 아이가 또래 친구들과 잘 어울려 노는 것이 당연한 것 같지만, 요즘은 초등학교 저학년에서도 친구들 간의 갈등이 심한 경우가 많다. 우리 아이가 놀 친구들이 많다는 것은 당연한 것이 아니라 감사하고 기쁜 일이다.

처음 요리를 할 때는 레시피를 보고 한다. 하지만 실력이 조금 늘면 레시피 참조는 하지만 재료를 다른 것으로 대체하기도 하고, 소스를 다소 변경하기도 한다. 또 다른 맛을 즐기기도 하고 우리 집에서만 맛볼 수 있는 맛을 내기도 한다. 육아도 기본적인 육아정보를 토대로 하지만, 우리 아이에게 가장 잘 맞는 방법을 만들어가야 한다.

100세 인생이라고 했을 때, 대략 25년을 단위로 크게 4단계로 구분할 수 있다.

1단계는 우리의 학창시절을 토대로 부모님의 돌봄을 받으며 사는 시기이고,

2단계는 우리가 가정을 이루고 아이를 낳고 그 아이를 성인으로 키우는 시기이다.

3단계는 다시 온전히 나로 돌아와 삶에 집중하고, 부부가 한 팀이 되어 가정생활의 기쁨을 누리는 시기이기도 하다.

마지막 4단계는 더 많이 나누며, 후배들을 격려하고 도우며 더 좋은 사회를 위해 묵묵히 지지하는 시기가 아닐까 한다.

인생에서의 2단계를 고군분투하며 살고 있는 대한민국 엄마들이여! 여러분들은 '육아'라는 어렵고 하루하루가 힘겨운 생활을 하고 있지만, 우리 사회에서 꼭 필요한 너무도 소중하고 중요한 과정을 해나가고 있는 리더들입니다. 그 노고와 사랑과 열정이 우리 사회의 미래를 환하게 밝혀줍니다. 리더가 삶을 즐길 때 그 팀원들도 즐겁고 행복한 삶을 살게 됩니다. 이러한 리더 역할을 하고 있는 엄마들을 진심으로 응원합니다.

– 정은경

사이다 육아상담소

펴낸 날	초판 1쇄 2017년 7월 31일
지은이	정은경
펴낸이	이금석
기획·편집	박수진
디자인	김현진
마케팅	곽순식
경영지원	현란
펴낸 곳	도서출판 무한
출판등록	1993년 4월 2일 제3-468호
주소	서울 마포구 서교동 469-19
전화	02-322-6144 팩스 02-325-6143
이메일 안내	muhanbook7@naver.com
홈페이지	www.muhan-book.co.kr
가격	14,000원
ISBN	978-89-5601-356-5 03590